电力数字基础设施
发展研究

New Infrastructure for New Power System

戴璟　孟垚　高文胜　秦佩欣　许庆宇　高钰　著

清华大学出版社
北京

图书在版编目（CIP）数据

电力数字基础设施发展研究 / 戴璟等著 . -- 北京 : 清华大学出版社，2025. 8.
ISBN 978-7-302-70167-5

Ⅰ . TM7-39

中国国家版本馆 CIP 数据核字第 2025EJ6399 号

责任编辑：纪海虹
封面设计：何凤霞
责任校对：王荣静
责任印制：杨　艳

出版发行：清华大学出版社
　　　　　网　　　址：https://www.tup.com.cn，https://www.wqxuetang.com
　　　　　地　　　址：北京清华大学学研大厦 A 座　　　　　邮　　　编：100084
　　　　　社 总 机：010-83470000　　　　　　　　　　邮　　　购：010-62786544
　　　　　投稿与读者服务：010-62776969，c-service@tup.tsinghua.edu.cn
　　　　　质 量 反 馈：010-62772015，zhiliang@tup.tsinghua.edu.cn
印 装 者：三河市龙大印装有限公司
经　　销：全国新华书店
开　　本：185mm×260mm　　印　　张：8.5　　字　　数：125 千字
版　　次：2025 年 9 月第 1 版　　印　　次：2025 年 9 月第 1 次印刷
定　　价：85.00 元

产品编号：110149-01

国家自然科学基金资助项目 No.52177094

编写组人员名单

主　　编：戴　璟　孟　垚　高文胜　秦佩欣　许庆宇　高　钰

编写人员：刘世宇　刘　强　邱　健　倪翊龙　路　岩　严新荣　田　鑫　郑　健

　　　　　孙　勇　王　罗　胡景朋　吕金壮　郑武略　王黎伟　王海峰　朱　伟

　　　　　江小兵　吴　鸣　蒋迎伟　吕广宪　程韧俐　李江南　欧鸣宇　廖　威

　　　　　徐杰彦　沈春雷　丁雅琦　张若思　殷仁鹏　王　文　李培军　沈豪栋

　　　　　李　欢　谢　超　康　哲　杨　磊　夏团利　夏文波　李　杰　李姚旺

　　　　　刘昱良　张世旭　王朝阳　闫月君

序 言
FOREWORD

在双碳背景下，新能源高速发展，其间歇性、随机性、波动性等特点使得电力系统平衡和安全问题更加突出。为适应新型电力系统快速构建，数字技术正在电力系统各环节加速应用，支撑源网荷储的海量对象精准感知和协同运行。

数字技术有助于电力系统安全可控和灵活高效。通过智能电表、智能传感、智慧物联技术，电力企业能够实时监测和管理能源生产、传输和分配过程，使得电力企业能够及时发现和解决潜在的问题，从而减少故障停机时间，提高电力系统的稳定性，降低非技术线损等。同时，数字技术也有助于优化电网运行，提升能源利用效率，实现资源的最优配置。

数字技术有助于电力系统开放互动和智能友好。如智能配电网的建设，不仅能够应对海量分布式光伏、储能和充电桩的管理，而且进一步加强了用户与电力企业之间信息与数据的双向互动，以更好地理解用户的差异化用能需求，进而提供定制化服务，提升客户满意度。

数字化时代，没有人能包打天下。面向未来，电力系统将从单点数字化走向有架构支撑的、开放可演进的、体系性数字化。电力企业构筑"数字底座＋开放生态"的数字化核心能力，是应对新型电力系统挑战的根基。"数字底座"包括无处不在的网络连接能力、无所不能的智能计算能力和持续沉淀的企业 Know-how 能力。这三大能力，将成为电力企业最宝贵的新型战略资产，也构成了电力数字基础设施的核心要义。

本书凝聚行业和产业的专业力量，共同探索适应新型电力系统的电力数字基础设施代际及特征，具有时代意义。本书系统性地梳理了电力系统发展历程，展望了业务场景数字化发展趋势，识别了适应新型电力系统的数字基础设施的六大特征，即："实时全联、通感一体、立体超宽、智能敏捷、绿色低碳、安全可控"，并逐一详细分析支撑各项特征的关键技术，为提前布局电力数字基础设施建设，支撑数字技术在新型电力系统中建设运行提供了系统性参考。

书中综合考虑电力系统的各环节业务本质，构建了 14 个电力数字化典型场景，从场景定位、面临挑战、解决方案及实践成效等方面分析了各场景的数字技术价值点以及对数字技术的需求，并从算力、存力、运力等方面分析了电力数字基础设施如何支撑电力数字化。

总体来说，本书重点关注我国构建新型电力系统所面临的挑战，系统分析数字技术在应对挑战中发挥的关键作用，全面梳理数字技术应用的价值场景，进而明确新型电力系统对数字基础设施的需求，提出电力数字基础设施代际及特征，加速数字技术在电力行业广泛应用。

未来，数字技术与电力系统会更深层融合、更紧密联结、更频繁互动，从而支撑电力系统实现高度数字化、智慧化和网络化。术业也有专攻，电力数字化军团聚焦华为擅长的通信、计算和 AI 领域，携手生态，立足解决问题、创造价值，有序高效推动电力数字化基础设施建设，促进电力系统和数字基础设施融合升级。

孙福友

华为公司副总裁、电力数字化军团 CEO

自　序
PREFACE

　　实现碳达峰、碳中和，是以习近平同志为核心的党中央统筹国内国际两个大局作出的重大战略决策。我国电力行业碳排放约占全国碳排放总量的 40%，要实现碳达峰、碳中和目标，电力行业承担着主力军作用，而电力系统的数字化、智能化是核心技术支撑。

　　面对加速推进能源清洁低碳转型的重大需求，以及大规模新能源与高比例电力电子装备接入电网的系统发展演化趋势，电力系统逐步呈现出运行控制高度灵活、终端设备大量接入、信息采集海量增长的特点，亟须以数字信息技术为重要驱动，建设能源互联网，支撑源网荷储海量分散对象协同运行和多种市场机制下系统复杂运行状态的精准感知和调节，推动以电力为核心的能源体系实现多种能源的高效转化利用。

　　以数字信息技术的创新升级赋能电网向能源互联网升级，需要以安全可靠的电力数字基础设施作为支撑，持续创新联结、计算、智能等数字信息技术的价值。随着电力系统的发展演进，数字基础设施也经历了明显的代际演化，服务新型电力系统构建，HPLC 双模、5G、AI 大模型等一系列数字技术加速应用，对电力数字基础设施建设提出新的要求。为适应数字技术赋能新型电力系统的形势发展需要，中国电机工程学会能源互联网专业委员会于 2023 年 12 月成立电力数字基础设施专题技术工作组，持续推动电力数字基础设施建设和应用落地。

　　《电力数字基础设施发展研究》系统梳理了电力系统发展历程及与之相应的数字基础设施代际演化。进入新型电力系统时代，数字基础设施也进入第 5 代际

（Grid 5，简称 G5），具备实时全联、通感一体、立体超宽、智能敏捷、绿色低碳、安全可靠六大技术特征。围绕算电协同、车网互动、虚拟电厂、电碳融合等 14 个电力数字化典型场景，详细分析了电力数字基础设施的技术需求与应用价值。

Chat-GPT 等大模型的横空出世，引发了新一轮的人工智能革命，算力的价值再次凸显，而发展算力需要消耗巨量的电力，AI 的尽头是能源已成为业界的共识。在政策导向、行业需求等多重因素驱动下，算电协同成为行业热点。因此，本书将算电协同实践的内容独立成附录，作为热点话题展开分析。

电力规划总院有限公司、中国大唐集团有限公司、华电电力科学研究院、三峡科学技术研究院、南网超高压输电公司、南瑞集团有限公司、国网上海能源互联网研究院、国网（北京）综合能源规划设计研究院、国网智慧车联网技术有限公司、深圳虚拟电厂中心、华为技术有限公司、阿里云计算有限公司以及清华大学参与了《电力数字基础设施发展研究》的编写工作，凝聚行业共识，对电力数字化典型场景的落地实现做了具体的规划，对电力数字基础设施的应用与发展进行了细致的研究，兼具实用性和前瞻性，希望能对推动新型电力系统与数字信息技术的深度融合提供借鉴参考。

电力数字基础设施工作组

2025 年 6 月

目　录
CONTENTS

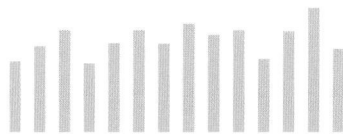

图表目录
CONTENTS

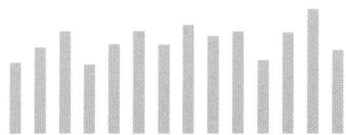

数字经济与能源转型

1.1 数字经济为高质量发展注入新动能

近年来，5G、大数据、人工智能等数字技术发展日益成熟，数字经济作为一种新的经济形态飞速发展。我国数字技术和数字产业不断与社会各个领域深度融合，成为经济社会转型升级的关键引擎和重要底座，正在引领中国经济社会各领域发生深刻变革。

1. 政策引导方面

自 2015 年 7 月国务院印发《关于积极推进"互联网 +"行动的指导意见》以来，数字经济成为中国经济社会发展中的重要一环，国家相关政策支持力度不断加码。2020 年 7 月，国家发改委、工业和信息化部等 13 个部门联合发布《关于支持新业态新模式健康发展激活消费市场带动扩大就业的意见》，对加快发展数字经济 15 大新业态新模式提出 19 项创新支持政策，以创新生产要素供给方式，激活消费新市场，发展新的就业形态，培育壮大新动能。2025 年政府工作报告中提出激发数字经济创新活力，加快数字经济建设，数字经济核心产业增加值占国内生产总值比重达到 10% 左右，持续推进"人工智能 +"行动，并加强数字基础设施建设。2023 年，我国数字经济规模达到 53.9 万亿元，占 GDP 比重达到 42.8%，云计算、大数据、人工智能、区块链、物联网等数字技术对中国经济社会各领域产生了重大影响，"数字化、生态化、智能化"成为经济社会高质量发展中的关键词。

2. 产业发展方面

在经历互联网、移动互联网阶段之后，信息网络逐渐突破传统信息处理终端以及传输方式的限制，正大幅向更广、更快、更深的方向发展。随着 5G、大数据、人工智能、物联网等技术逐步发展成熟，以"万物互联"为突出特征的数字经济基础正在形成，数据要素成为新的生产要素，也成为世界各国推动经济高质量发展的重要力量。伴随互联网特别是产业互联网的普及和应用，数字资源在互联网中加速产生、传播并应用，将进一步优化资源配置和使用效率，提高资源、资本、人才全要素生产率。在全球经济增速放缓、增长乏力的背景下，以推动互联网、大数据、人工智能与实体经济深度融合为特征的新一轮科技革命和产业变革应运而生，数字经济在提升全要素生产率、促进传统产业提质增效方面将发挥显著作用。当前，随着信息技术的持续演进和全面创新，数字经济正在逐渐广泛融合渗透到传统产业之中，驱动农业、工业和服务业数字化转型升级，引发各行业领域的业务形态变革并带动产业结构调整。伴随着工业互联网的广泛部署，未来传统产业必将迎来数字化驱动的转型升级热潮，数字化融合创新将成为全球数字经济发展的主战场，推动世界经济高质量发展。

3. 技术升级方面

随着"新基建"等政策的提出，数字技术快速演进升级。首先，数字技术向多领域融通，实现关键资源跨地域、跨系统、跨组织的高效配置；其次，数字技术多环节渗透，从聚焦单一能源消耗逐渐向多个环节贯通；再次，数字技术实现多场景突破，如工业互联网标识解析体系在低碳领域形成碳标识等。未来，随着智能制造、智慧城市等领域对数据采集、数据存储、数据传输、数据分析等的需求不断提升，数据中心、5G 基站、工业互联网等新型基础设施建设加快推进。在工业互联网领域，中国已培育形成超过 500 个特色鲜明、能力多样的工业互联网平台，部分重点平台服务工业企业近 8 万家。随着新型基础设施建设的加速推进，中国数字经济发展进入高速增长期。

1.2 新型电力系统建设成为能源转型重要抓手

2020 年 9 月 22 日，中国在第七十五届联合国大会上首次提出碳达峰碳中和目标，并在同年 12 月的气候雄心峰会上进一步明确了具体减排指标"到 2030 年中国单位 GDP 二氧化碳排放将比 2005 年下降 65% 以上，非化石能源占一次能源消费比重达到 25%，风电、太阳能发电总装机容量达到 12 亿千瓦以上"。由此可见，能源领域是中国实现"双碳"目标的重点，而新能源电力发展将是能源领域结构性改革的重要抓手。2021 年 3 月，中央财经委第九次会议提出，构建以新能源为主体的新型电力系统，从而为中国电力系统走上"双碳"之路提供了重要战略指引。

1. 能源绿色低碳转型

温室气体排放造成的气候变化是 21 世纪全人类共同面对的最严峻挑战之一。2018 年，联合国政府间气候变化专门委员会（IPCC）发布《全球升温 1.5℃ 特别报告》。报告指出，已经观察到的全球气温升高的事实，人类必须把温升控制在 1.5℃，以二氧化碳为主的温室气体排放所导致的全球气候变暖已成为全球性的非传统安全问题，严重威胁着人类的生存和可持续发展。为了人类的可持续发展，全球应对气候变化开启新征程，《巴黎协定》得到国际社会广泛支持和参与，截至 2024 年 5 月，全球已有 151 个国家提出碳中和目标，其中 120 个国家以法律或政策文件形式确立了目标的法律地位，86 个国家提出了详细的碳中和路线图。2020 年 9 月，我国首次作出"力争 2030 年前实现碳达峰、2060 年前实现碳中和"的战略决策。提高自主贡献力度，加快能源低碳转型已然成为"美丽中国"建设的重要组成部分。

2. 构建新型电力系统

实现"双碳"目标，能源是主战场，电力是主力军。经研究测算，2020 年，我国二氧化碳排放量约 116 亿吨。其中，能源活动二氧化碳排放约 101 亿吨，占总二氧化碳排放量的 88% 左右，能源燃烧是我国主要的二氧化碳排放源；发电二氧化碳排放约 40 亿吨（不含供热碳排放），约占能源活动二氧化碳排放量的 40%，约占二氧化碳总排放量的 35%。因此，大力发展以风能、太阳能为代表的新能源技术，构建新型电力系统，促进电力领域脱碳，将在推动能源清洁低碳转型、实现"双碳"目标中发挥关键作用。加快提升电力系统低碳转型速度有助于推进能源转型进程，推动碳排放尽早达峰。对于此，提高可再生能源发电渗透率、促进可再生能源电力消纳是最直接的推动力。近年来，在一系列政策的推动下，中国可再生能源发展步伐加快，水电装机持续增加，风电光伏装机提前6年多完成我国在气候雄心峰会上的承诺。然而，装机规模快速增加的同时也激生出可再生能源在电力系统中的消纳困难问题，而消纳问题将反过来持续影响电源结构低碳化速率和比例。针对消纳问题，从直接原因来看主要是由于风电、太阳能发电等自身具有间歇性、波动性的特点，局部地区输电通道不足，全国电力需求增速下降等。构建新型电力系统，是贯彻落实我国能源安全新战略、实现"30·60"碳中和气候应对目标的重大需要。2021年10月，国务院印发《2030年前碳达峰行动方案》，提出"构建新能源占比逐渐提高的新型电力系统，推动清洁电力资源大范围优化配置"。因此，大力发展新能源，在新能源安全可靠替代的基础上，传统能源逐步退出，构建新型电力系统，加快电力脱碳，推动能源清洁转型，是实现碳达峰、碳中和目标的必由之路。大力发展以风能、太阳能为代表的新能源电力，促进高比例可再生能源并网消纳，将成为我国构建新型电力系统的当务之急。

1.3 新型电力系统构建须提前布局电力数字基础设施

党的二十大报告提出"广泛形成绿色生产生活方式，碳排放达峰后稳中有降，生态环境根本好转，美丽中国目标基本实现"，同时提出"加快发展数字经济，促进数字经济和实体经济深度融合"。从我国经济社会发展进程中可以看出，数字化与绿色低碳转型正从以往的泾渭分明阶段逐渐向协同融合阶段演进。当前，我国经济已由高速增长阶段转向高质量发展阶段，数字化与绿色化协同发展的必要性不断显现并得到业界广泛认可。数字化与绿色化的协同，是我国创新、协调、绿色、开放、共享新发展理念下的必然选择。

数字化与绿色化协同发展趋势，以我国电力系统低碳转型为研究对象，重点关注我国构建新型电力系统过程中面临的重要问题，系统分析数字技术在解决这些问题过程中所发挥的赋能作用，全面梳理数字技术赋能新型电力系统的典型应用场景，进而明确新型电力系统构建对数字基础设施（计算、通信、存储等）的技术需求，以期能够将先进数字技术在电力行业进行更广泛的推广，并提前布局电力数字基础设施建设，更好支撑数字技术在新型电力系统建设运行中发挥更大作用。

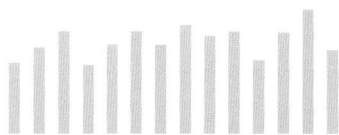

数字技术赋能新型电力系统

2.1 新型电力系统的特征

新型电力系统是以确保能源电力安全为基本前提，以绿色电力消费为主要目标，以坚强智能电网为枢纽平台，以电源、电网、负荷、储能（简称"源网荷储"）互动及多能互补为支撑，具有绿色低碳、安全可控、智慧灵活、开放互动、数字赋能、经济高效等特征的电力系统。

1. 结构特征

预计我国水电、核电、风电、太阳能等清洁电源装机容量2035年、2050年分别达到20亿kW、40亿kW左右。预计2050年新能源装机占总装机比重超过60%，发电量占总发电量比重接近50%，与此相对应的同步电源占总装机比重和发电量占总发电量比重如图2-1所示。新能源发电通过配置储能、提高能量转换

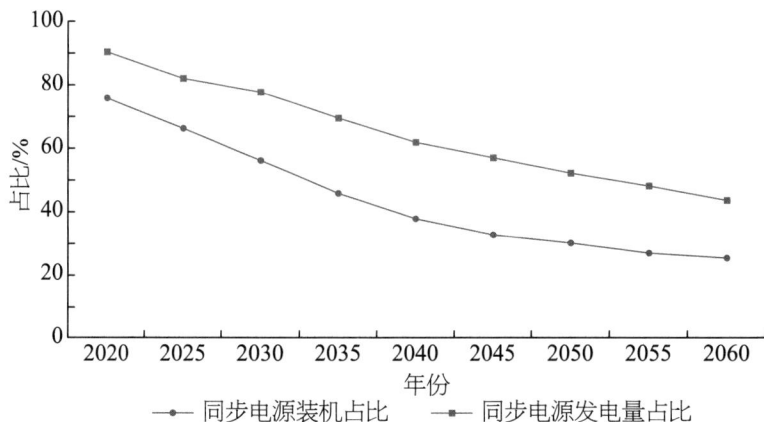

图2-1 同步电源装机及发电量占比变化

效率、提升功率预测水平、智慧化调度运行等手段，有效平抑新能源间歇性、波动性对电力系统带来的冲击，提升并网友好型、电力支撑能力以及抵御电力系统大扰动能力，容量可信度达到 20% 以上，成为"系统友好型"新能源电站。

2. 形态特征

传统的"源随荷动"模式将通过市场机制得以改变，逐步实现源网荷深度融合、灵活互动。传统工业负荷灵活性大幅提升，电供暖、电制氢、数据中心、电动汽车充电设施等新型灵活负荷成为电力系统的重要组成部分。此外，我国资源禀赋与能源需求逆向分布的特点决定了"西电东送、北电南送"的电力资源配置基本格局，跨省跨区大型输电通道将进一步增加，重要负荷中心地区电力保障需要大电网支撑，"大电源、大电网"仍是电力系统的基本形态。分布式系统贴近终端用户，将成为保障中心城市重要负荷供电、支撑县域经济高质量发展、服务工业园区绿色发展、解决偏远地区用电等领域的重要形式，与"大电源、大电网"兼容互补。储能技术是解决可再生能源大规模接入和弃风、弃光问题的关键技术；是分布式能源、智能电网、能源互联网发展的必备技术；也是解决常规电力削峰填谷问题，提高常规能源发电与输电效率、安全性和经济性的重要支撑技术。储能是促进新能源高比例接入和消纳的最主要技术手段，因而也是构建新型电力系统的重要支撑。总体来看，电源侧新能源可提供可靠电力支撑，电网侧清洁电力灵活优化配置能力大幅提升，用户侧灵活互动和安全保障能力得到充分发挥。

3. 技术特征

新型电力系统将逐步由自动化向数字化、智能化演进。其中，依托先进量测、现代信息通信、大数据、物联网技术等，形成全面覆盖电力系统发、输、变、配、用全环节，及时高速感知，多向互动的"神经系统"；基于大规模超算、云计算等技术，大幅提升系统运行的模拟仿真分析能力，实现物理电力系统的数字孪生；基于人工智能等技术，升级智慧化的调控运行体系，打造新型电力系统的"中枢大脑"。

4. 经济特征

全面建成适应新型电力系统的全国统一电力市场体系，实现绿色低碳电力优先消纳、交易品种丰富多样、市场主体多元参与、结算方式精细可溯、多市场数据互联互通的电力市场模式。电力市场经济体系与碳市场经济体系有机衔接，实现电力行业发展速度、碳市场控排力度、电力市场配置低碳化程度的有机统一，形成成熟的金融市场，实现终端用能行业、用能主体的全面覆盖以及电力市场和碳市场的协同发展。

2.2　新型电力系统面临的挑战

1. 系统波动性急剧增大

相对于常规化石能源发电，风电和光伏出力具有明显的随机性和波动性。当风、光等新能源成为主力电源时，其波动的幅度和频度将成为电力系统的主导特性，系统中能够平抑新能源出力波动的可调节资源将十分有限，如果不采取必要的措施，则系统难以长期维持稳定运行。

电能作为最清洁的终端能源，将逐步成为最主要的能源消费品种，电力负荷的结构将更加多元化，电动汽车充电等消费侧的多样性行为将导致电力负荷的时空随机分布特性更加明显，电力负荷的有源化特征进一步凸显，"源、网、荷"的互动和交织都将加剧电力系统的波动。

以新能源为主体的电力系统表现出很强的电力电子化特点，基本不具备机械系统的惯性特征，系统惯量下降对电力系统调节和控制带来巨大挑战。

2. 系统分布式特征更加明显

我国新能源发展呈现出集中式与分布式并举的态势，新能源发电设备的地理分布将更加分散。新能源发电设备的单体规模小，但数量将急剧增长。传统电力系统中千兆瓦级的煤电机组将被数量庞大的兆瓦级风电机组（陆上风电机组单机普遍在 2~10MW，海上风电普遍在 6~15MW），甚至更低容量的光伏发电（集中式逆变器容量仅为 500kW~1MW，组串式逆变器甚至只有 20~50kW）所取代。新型电力系统中发电设备的数量将达到千万台级，电力系统运行需要处理的数据对象将呈现爆炸式增长。海量数据计算分析、众多设备精准协同控制将对电力系统运行策略、高速计算、实时通信等带来巨大挑战。

3. 多元利益格局更加复杂

风电、光伏等新能源将成为市场主体，新型电力系统的市场格局、市场机制、交易方式等将重塑。如何通过市场和技术手段有效地调动海量的小容量可调节资源、化解新能源出力波动，将是新型电力系统市场设计和实现所面临的主要挑战。

电力市场的交易品种将更加多样。电力客户从单纯的消费者转变为"生产者 + 消费者"。市场中将出现电力电量交易、绿证交易、碳排放权交易等多种交易品种交织的局面，各类交易之间的交互影响也将更加复杂，如何确定交易模式、提高交易质量、协调各相关方利益等是推进电力市场建设和体制机制创新，构建新型电力系统市场体系要急需解决的关键问题。

2.3 数字技术赋能

近年来，中国数字经济浪潮的兴起与数字技术的发展在全经济社会领域碳减排方面发挥了显著的积极作用，2005—2020 年，数字技术在其他行业的广泛渗透，使中国二氧化碳排放量减少 14 亿 ~17 亿 t，相当于全国 2020 年碳强度减排目标的 13%~18%。未来在构建以新能源为主的新型电力系统过程中，数字技术必将发挥更关键作用。在电力生产层面，通过先进数字技术的应用，进一步降低火电发电过程中的供电标准煤耗，提升火电能量转化效率并增强火电运行的灵活性，优化清洁能源运行控制策略，提高风电光伏并网的稳定性和可靠性，加快提升清洁电力在电力结构中的比例。在电力网络层面，加强先进数字技术同电网的融合，通过先进输电网络建设、电网智慧化改造、泛在电力物联网建设等途径，降低电力远距离传输损耗并提高电网智能化调度水平。在电力消费层面，通过数字技术创新用电管理模式，优化分布式能源上网交易规则，建立智能建筑−电动汽车−智能充电桩电网信息能量流动通道，发展用电负荷快速灵活响应控制系统，有效指导工商业的错峰合理用电并缓解电网调峰压力。

近年来，以大数据中心、5G 基站、新能源充电桩等为代表的"数字基础设施"建设大规模落地实施，数字"新基建"的高能耗对电力系统提出更高用电需求。截至 2024 年末，我国已建成 5G 基站 425.1 万个。随着 5G 网络建设步入高速建设期，2025 年覆盖全国的 5G 网络将基本建成，力争累计建成 5G 基站 450 万座以上，届时 5G 基站总用电能耗将接近 2000 亿 kW·h，占全社会用电量的比重超过 1.5%。截至 2023 年底，中国数据中心 810 万在用标准机架总耗电量达到 1500 亿 kW·h。2023 年中国数据中心平均电能利用效率为 1.48，占全社会用电量比重超过 2%。根据近年内中国对数据中心投资规模的增长，可以预见未来几年中国数据中心建设仍将处于快速发展期。预计到 2025 年，中国数据中心机架数将突破 830 万架，总能耗将达到 4362.5 亿 kW·h/ 年，占全社会用电量的 4.9%。在国家支持下，中国已经成为全球新能源汽车最大生产国和最大市场，新能源汽车保有量与日俱增，导致对新能源充电桩的需求愈加旺盛。截至 2024 年 12 月底，中国电动汽车充电设施总数达到 1281.8 万台，同比增长 49.1%；其中公共充电设施 357.9 万台，私人充电设施 923.9 万台。2024 年 1—12 月，中国电动汽车充电设施增量为 422.2 万台，月均增长 35.2 万台。由此可见，5G 基站、大数据中心、新能源充电桩将是未来用电增长的新动能，对电力系统的分布、输送、供需调节形成新的庞大需求。

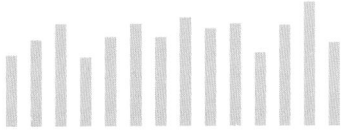

电力数字基础设施

3.1 数字基础设施的由来

2023 年 2 月，中共中央、国务院印发《数字中国建设整体布局规划》，明确提出夯实数字中国建设基础，打通数字基础设施大动脉，整体提升应用基础设施水平，加强传统基础设施数字化、智能化改造。

2023 年 6 月，国家能源局发布《新型电力系统发展蓝皮书》，明确指出新型电力系统以数字信息技术为重要驱动，呈现数字、物理和社会系统深度融合特点；打造安全可靠的电力数字基础设施，推进电力系统和网络、计算、存储等数字基础设施融合升级，实现电力系统生产、经营管理等核心业务数字化转型；打造多种通信技术相融合的电力通信网，推广共性平台和创新应用，提高能源电力全环节全息感知能力，提升分布式能源、电动汽车和微电网接入互动能力；促进先进电力技术与新一代数字信息技术深度融合应用，助力智慧能源系统建设。

3.2 电力数字基础设施的发展历程

纵观电力系统的信息化、数字化、智能化发展历程可知，电力业务需求是电力数字基础设施发展的内生原动力，信息化、数字化、智能化技术进步是电力数字基础设施的技术驱动力。

电力数字基础设施发展初始阶段，指 20 世纪 50 年代到 80 年代，电力信息化主要在电力实验数字计算、工程设计科学计算、发电厂自动监测、变电站所自动监测等方面应用，其目标为提高电厂和变电站生产过程的自动化程度，改进电力生产和输变电监测水平，提高工程设计计算速度，缩短电力工程设计的周期等。

电力数字基础设施发展第二阶段，指 20 世纪 80 年代到 90 年代，计算机系统在电力行业得到广泛应用，如电网调度自动化、发电厂生产自动化控制系统、电力负荷控制预测、计算机辅助设计、计算机电力仿真系统等。同时，企业开始重视开发工程建设管理信息单项系统，用于各业务部门管理。

电力数字基础设施发展第三阶段，指 20 世纪 90 年代末到 21 世纪初。这一时期电力系统信息化、数字化建设加速发展，随着信息技术和通信技术日新月异，特别是互联网的出现和发展，促进电力行业信息化、数字化实现跨越式发展。信息技术的应用深度和广度在电力行业达到前所未有的地步：开发建设企业管理信息系统（MIS），信息技术的应用由操作层向管理层延伸，从单机、单项目向网络化、整体性、综合性应用发展，数字基础设施建设提速，企业级的信息集成应用全面实施，并开展了信息安全数字化建设。

从 21 世纪初开始，电力数字基础设施建设发展到第四阶段。数字技术与企业资源计划、资产设备全寿命周期管理、安全生产管理、供应链管理、人财物集约化管理、全面预算管理等业务全面融合。围绕管理创新，进行企业业务流程的重新梳理，通过数字化转型变革，不断降本增效，提升企业的价值，并逐步向数字化全面赋能的方向发展。

目前，电力数字基础设施已进入适应新型电力系统的发展阶段，我们称之为"Grid 5"。在这个阶段，新型电力系统的各个环节对数字基础设施建设都提出新的要求，一系列先进的数字技术，如 HPLC[①] 双模、5G、AI、大模型、无源物联网等正在加速应用于新型电力系统，以应对"双高[②]"带来的新挑战，为算电协同、车网互动等新场景的落地提供数字基础设施：

---

① HPLC：高速电力线载波通信。AI：人工智能。
② 双高：高比例可再生能源接入，高比例电力电子设备应用。

电源侧，风能、太阳能等新能源发电具有间歇性、随机性、波动性的特点，随着新能源发电占比的提升，其对电源侧出力特性的影响不断加大。电力系统安全稳定风险增大，电力供应保障难度增加，随之产生了状态监测、泛在感知、闭环控制等新业务需求，相关数字基础设施建设需求与范围不断扩展。

电网侧，电源结构深刻变化，电网调节能力、电网调节压力陡增；长距离、大容量、交直流混联，电网稳定形态更加复杂。全景感知和实时决策需求对通信的广度、实效性、智能化提出更高要求。响应由骨干向末梢延伸，从输变电控制，向配电网、分布式电源和用户侧末端拓展。控制点数量由十万级上升到亿级，全面实时、高频控制成为电网调度的新特征。

负荷侧，为满足用户对可靠性、便捷性、效能等方面的更高要求，用户侧与电网侧的交互将越来越多，用户接口处也越来越依赖辅助控制性能更高的电力电子设备，如电动汽车充电站、轨道交通牵引系统、写字楼变频制冷系统等。负荷侧对数字基础设施要求满足海量信息需求，用户平等交互，采集点下移，用能终端计量采集频次和实时性提高。

随着新型电力系统的构建，电力系统将加速向数字化智能化方向发展，电力基础设施与数字基础设施将进一步融合，促进技术创新与产业发展。

表 3-1 所示为新型电力系统数字基础设施发展代际。

表 3-1　新型电力系统数字基础设施发展代际

	时间	1950s—1980s	1990s	2000s	2010s	2020s 至今
	特征	分散电网	小电网	大电网	智能电网	新型电力系统
电力系统发展	特点	分散式地区电网，小型煤电机组/水电，电力供应保障度低	城市间互联，中型煤电机组/水电，电网安全和可靠性低	区域级互联，化石/核电/水电，具有大规模停电风险	超远距离传输，可再生能源占比 >20%，基本排除用户停电风险	再生和清洁发电 >80%，电网高安全、高可靠，源网荷储深度互动

	代际	第一代	第二代	第三代	第四代	第五代（Grid 5）
	特征	报文通信	语音通信	数据通信	多媒体	全域物联
数字基础设施	代表性技术	窄带 PLC，微波，卫星通信，小型机/磁盘存储	窄带 PLC，PDH，程控交换，工作站 服务器/硬盘存储	宽带 PLC，SDH、IPv4、GSM，集群 数据中心/磁盘阵列	HPLC，OTN、IPv4+，MPLS，LTE、RFID，云计算/云存储	HPLC 双模，OSU、IPv6/IPv6+ 5G/5.5G/6G、Passive LoT，AI/大模型/云计算/智能存储，…
业务系统	代表性业务	模拟调度，调度电话	遥测、遥信，调度、行政电话	EMS、信息化，遥测、遥信、遥控、遥调，AMI 计量自动化	ERP，大客户负控、视频会议，综合自动化、配电自动化	电碳融合、算电协同，车网互动、虚拟电厂，…

PLC：电力载波通信　　　　　　　LTE：长期演进技术，第四代移动宽带（4G）标准
PPH：准同步数字体系　　　　　　RFID：射频识别
SDH：同步数字体系　　　　　　　EMS：电能管理系统
GSM：全球移动通信　　　　　　　ERP：企业资源计
OTN：光传送网　　　　　　　　　OSU：光业务单元
MPLS：多协议标签交换　　　　　　Passive IOT：无源物联网

3.3　适应新型电力系统的数字基础设施代际特征

第五代（Grid 5）电力数字基础设施以确保电力网络和数据安全为基本前提，以支撑电力高质量发展为首要目标，以加速能源数字化智能化建设为主线任务，是新型电力系统的重要组成和实现"双碳"目标的关键载体。第五代电力数字基础设施具备实时全联、通感一体、立体超宽、智能敏捷、绿色低碳、安全可靠六大特征（见图3-1）。其中安全可靠是基本前提，智能敏捷是核心目标，实时全联、通感一体、立体超宽是重要支撑，绿色低碳是基础保障，它们共同构建了第五代电力数字基础设施框架体系。

实时全联：通过微功率/低功耗无线传感器、常规无线传感器、有线传感器等监测装置和视频摄像头、无人机/机器人、卫星遥感等感知设备接入，实现对设备状态、环境信息、视频图像、作业信息等数据的实时采集，实现业务全方位

感知，从设备层、控制层、管理层各方面提高运营管理水平。

- 全量感知实时联接
- 全域业务实时在线
- 物联设备统一语言

- 电网拓扑自动感知
- 无源物联网
- 光纤感知环境变化

实时全联

- 网络运维自动驾驶
- 云边协同，云网融合
- 多样性计算/AIGC

通感一体

智能敏捷

Grid5
电力数字基础设施

立体超宽

- 光纤到站，光电同达
- Tbits骨干　多样化接入
- 空天地一体无缝覆盖

安全可靠

- 云网端一体安全防护
- 基于零信任的安全体系
- 极限备份的双平面保护

绿色低碳

- 绿色数据中心
- 算网与电网融合
- 系统级绿色创新

图 3-1　第五代电力数字基础设施六大特征

通感一体：基于全域物联架构，利用有线、无线通信网络，使用先进数据驱动建模与控制技术，围绕业务场景，采用智能算法对数据进行综合分析研判，实现数据驱动的业务全景建模与态势感知，实现不完整图模的自适应辨识。

立体超宽：基于新型电力系统全景全息状态感知、海量终端泛在接入、广域协同调度控制等需求，基于卫星星链、平流层通信、北斗通信、大容量光通信、5G、高速载波通信、IPv6 等先进技术，建设广覆盖、大连接、低时延、高可靠的空天地一体化网络，保障源网荷储各业务环节全天候、全时空互联互通。

智能敏捷：随着技术的发展，"人工智能"将进一步优化升级，从辅助运维成长为具有正确决策能力的"运维专家"，借助人工智能强大的计算能力和综合分析能力，进一步促进具有自动分析识别设备状态、自动寻优功能的新型高效智能运维技术的开发和应用，智能响应不断变化的灵活性需求。

绿色低碳：数据中心、5G 基站等数字基础设施是能源消耗大户，通过应用高效的能源管理系统和可再生能源替代，优化能耗减少碳排放，降低运营成本的同时促进资源的可持续利用。

安全可靠：电力是现代社会的基础能源，也是国家关键基础设施的重要组成部分，电力数字基础设施的安全可靠对于经济社会持续发展及国家安全至关重要。另一方面，随着电力系统和数字技术的进一步融合，安全可靠的数字基础设施是确保电力生产、传输、分配和使用各环节精确监测与控制的前提。

3.3.1　实时全联

1. 全量感知实时联接

高占比新能源的持续接入给电网安全平稳运行带来不稳定因素。新能源发电受资源、环境影响，易出现随机波动，预测难度大；新能源占比高的电力系统中，常规电源开机空间减小，系统惯量下降，易导致系统出现频率稳定问题；新能源耐压、耐频能力不足，易发生连锁脱网事故，影响电力系统安全稳定运行。为满足高占比新能源电网要求，需要实现电网状态全量感知，可控资源实时联接，提升新能源网络感知水平和管控能力。

典型应用场景及价值：

新能源场站感知能力提升。通过在新能源电站加装高精度的监测装置，对新能源机组及场站状态实现全过程感知；将电网控制资源分层、分区接入可控资源池，实现风、光、水、火、直流及柔性交流输电系统（FACTS）等控制资源可控量及分布信息的实时感知、掌握，统筹协调地调用多种控制资源，实现多类型控制资源池监视、预警及辅助决策。

输变电线路、设备全联感知实时监控。利用智能传感、边缘计算、人工智能等技术，实现包括变电站主设备监控信息及消防、安防、动环等辅助设备信息状态全量实时感知，提升输电通道防冰、防雾、防（台）风等自然灾害防护能力，支撑设备、线路安全可靠运行。

配电物联网建设实现全量联接可观可控：配电网点多、面广导致感知、通信覆盖不全面，存在不可观、不可测、不可控盲区，需要综合运用"云大物移智链"等数字技术实现配电物联网建设，从"云管边端"四个层面打造全量联接智慧配电网，支撑配电网绿色、安全、经济、高效运行。

2. 全域业务实时在线

新型电力系统建设要求数字技术与能源技术深度融合、广泛应用，带来全域业务实时在线需求。利用大数据技术，统筹源网荷储各环节数据资源，实现电源出力和用电负荷精准模拟预测，源荷双向交互、业务动态协同，推进新型电力系统全环节在线、全业务透明。

典型应用场景及价值：

基层班组运用数字技术实现业务全流程贯通。基层班组数字化程度不足，检修试验、两票作业采用书面填写、系统补录形式，巡检数据无法实时回传，业务难以全流程贯通；现场感知以在线监测技术为主，数据信息直接上传主站，缺陷、异常的信息难以及时反馈到基层班组。通过移动互联、边缘计算、人工智能等技术，推进业务状态实时在线，深化移动终端应用，强化智能分析支撑，提高基层班组工作质效。

虚拟电厂通过"云管边端"数字化架构实现全域业务实时在线。面向更多元化的应用场景，虚拟电厂所管辖、调度的资源设备呈现爆发式增长，在优化运行、市场交易等方面也将迎来更多的不确定性。通过物联网"云管边端"数字化架构替代传统的"终端—应用"模式，实现虚拟电厂平台功能开发与集成，解决分布式资源呈现总体数量多、单点容量小、特性差异大、空间分散、集中调控信息接入成本高、云端计算"维数灾难"等难题，实现分布式资源各级调度协同优化利用。

如图 3-2 所示为数字基础设施支撑虚拟电厂实现全域业务实时在线示意图。

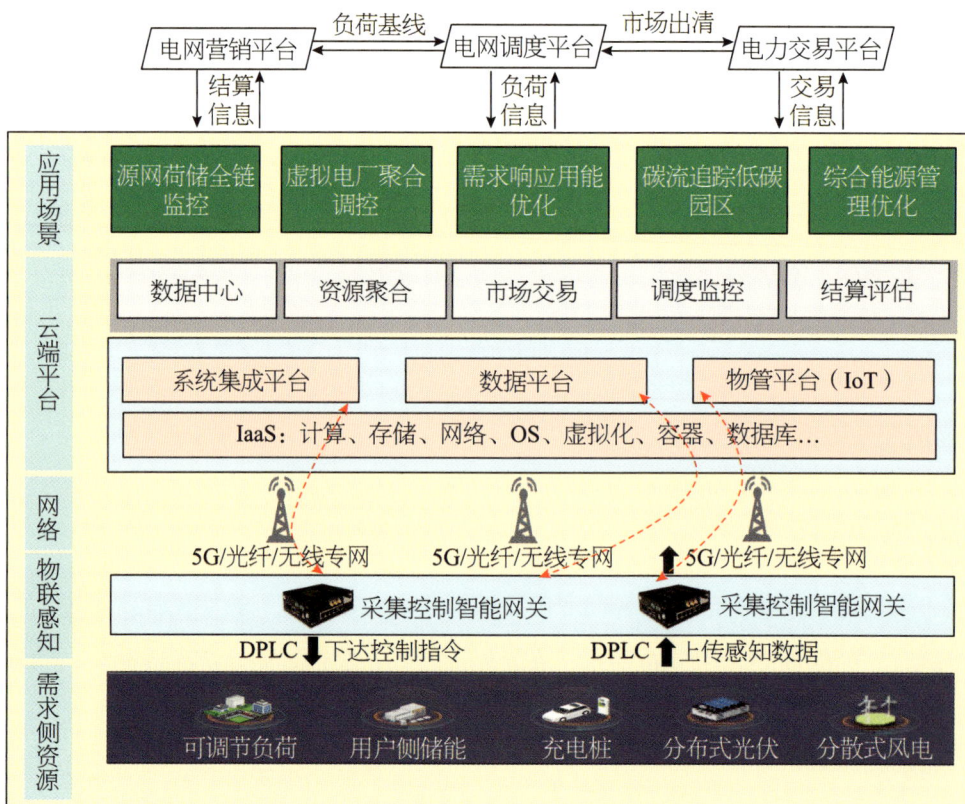

图 3-2　数字基础设施支撑虚拟电厂实现全域业务实时在线示意图

3. 物联设备统一语言

随着新型电力系统建设的加速推进，电力物联网终端规模大幅增加，复杂程度越来越高，物联网在连接和设备管理方面面临巨大的挑战：国内物联操作系统种类多，协议、规格、安全性不一致，业务场景单一，不支持多业务、数据共享。各类分布式新能源、负荷终端，供需互动存在较大障碍，需要有一个统一、安全的操作系统。

以变电场景为例，各传感器厂家的接口规范及通信协议不统一，至少涉及 7类协议，分别为模拟量、RS-232、RS-485、以太网、LoRa、ZigBee、WLAN；传感设备部署运维不便，部分传感器通信以有线方式为主，安装时需综合布线，维护不便。应加快实现站域物联体系标准化，通过智能网关使得数据能采集，各类端侧设备能接入，数据统一上传。

典型应用场景及价值：

电鸿物联系统实现电力设备物联统一。2023 年 10 月，开放原子开源基金会与南方电网联合发布电鸿物联操作系统，继承了开源鸿蒙和开源欧拉的强大能力。并结合能源电力行业场景，对协议、代码、内核等进行了重构，开发了一系列工控组件，为行业统一物联提供了解决方案。系统有五大特性：弹性伸缩内核、统一物联模型、高并发软总线、工控加密算法、电力载波敏捷组网。这些特性既满足了电力物联网在实时、可靠、安全、易联等方面的需求，也充分发挥了电力设施的特有优势。2023 年发布时已有超 100 个伙伴加入产业链生态，预计到 2025 年年底覆盖终端规模可超百万级，未来有望覆盖电力行业涉及的 10 亿左右终端。

3.3.2 通感一体

1. 拓扑自动感知

配电网是直接面向终端用户的关键环节，支撑电网"最后一公里"供电服务。我国配电网网架结构复杂，设备种类与数量众多，分布范围广，以数字化技术用好用活，实现"电"送到哪里，感知就延伸到哪里，电网拓扑就生成到哪里，建设具备实时能力的生产运行支持系统，支撑业务管理提升，实现配电网"运行透明、资产透明、作业透明"的目标，具有至关重要的意义。

运用配变台区电气拓扑自动识别技术，可以一键自动生成整个台区的全网智慧感知"脉络图"。通过"一张图"实现对低压配电台区用户、表箱、分支、配变档案关系的全层级实时展示，能够清晰、直观地呈现出园区、小区、楼宇内电气设备与供电电源的连接关系，进一步支撑分段线损管理、台区故障研判、漏电情况监测等工作。

随着"HPLC+HRF 双模"技术的不断发展，在 HPLC 的链路层协议基础上，增加 HRF 信道的组网路由机制，支持两种信道可以互为路由；协议中增加了完备的加密算法和加密机制，保障网络安全。在智能表箱、智能分支箱、智能配电室等场景，实现集抄设备和配电设备通过 HPLC+HRF 双模技术组成一张网络（见图 3-3）。保证在分支节点和末端节点都具备通信能力，通过 HPLC 电力线测距、

HRF 的空间感知及电力线固有特征的获取，在不额外增加硬件电路的同时实现低压网络的物理拓扑识别及距离绘制，为精细化线损管理、故障快速定位、自动隔离和快速抢修提供了坚实的技术支撑。

双模结合未来将成为低压电网领域极其关键的通信技术，可实现台区设备安全可靠地接入网络，电源侧、电网侧、负荷侧设备全景监测和实时感知，精细化运维管理、负荷精准预测及柔性调节。助力电网低压侧升级为全联接、广覆盖及高效运维的数字化网络。

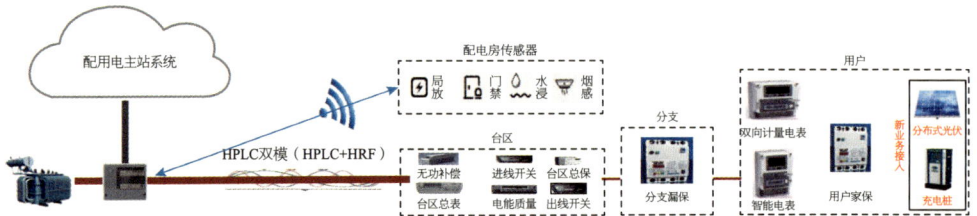

图 3-3　HPLC+HRF 双模模组应用

2. 无源物联网

传感器在电力行业应用场景广泛，部署于各应用系统的末端，呈现"点多面广"特点。复杂的应用环境与高昂的维护成本成为传感器推广的"瓶颈"，导致传感器对低功耗、高可靠、长寿命等技术的需求度较高。

随着电磁感应取电、激光取电、温差取电等新型传感器补能技术的成熟，各类无源传感器逐渐投入应用，突破了传统传感器因取电难而导致的应用受限瓶颈，未来将得到飞速发展。

无源物联设备可以不依赖电池或布设电源线供电，而是通过捕捉环境中的能量，并转化为电能支持设备工作。目前，从环境中采集能量的方式主要包括四种，即光能采集、振动能量采集、温差转换能量采集以及无线电射频能量采集，这四种采能方式的对比见表 3-2。目前，无源物联网应用中较具规模、成熟度较高的环境能量采集方式主要为光能和无线电射频能量采集。

表 3-2　无源物联设备不同采能方式对比

能量采集方式	发 展 现 状	优 缺 点	应 用 场 景
光能采集	光能/太阳能采集是目前较为普遍、成熟的环境能量采集方式	优点： （1）能量密度大； （2）获取难度低； （3）产业链较成熟 缺点： （1）成本高； （2）尺寸大； （3）受时间、天气等外界条件影响	（1）环境监测； （2）光伏发电； （3）智能家居等
振动能量采集	振动能量采集在工业物联网和智能家居等领域已有一定范围的应用	优点： （1）压电转换无须驱动电源，机电转换性能高、输出电压高、环境适应能力好； （2）磁电转换无须额外的驱动电源与功能材料，且输出电流大； （3）静电转换无须功能材料且输出电压较高 缺点： （1）磁电转换输出电压低，磁体与线圈尺寸较大； （2）静电转换需要外部电压源，且产生电流低、电容气隙小	（1）智能可穿戴设备； （2）开关、遥控器； （3）工业生产等
温差转换能量采集	部分可穿戴及工业监测设备正探索使用温差热能收集技术，因为不断散发热量的物体可作为热的一端，环境则成为冷的一端，二者间的温差将产生能量	优点： （1）能量环境适用范围广； （2）能量获取难度低 缺点： （1）能量密度低； （2）输出电压小； （3）限于低功耗设备	（1）低功耗设备； （2）微型体积设备； （3）烟感防火等
无线电射频能量采集	无线电射频采集能量的来源广泛，手机、移动通信基站、电视、电台信号基站、Wi-Fi 等设备都可以发射射频能量	优点： （1）电子设备使用广泛； （2）射频源丰富； （3）可复用、小尺寸、易部署、低成本 缺点： 能量密度小	（1）物流包裹； （2）物品管理； （3）防伪追溯等

3. 光纤感知环境变化

随着新型电力系统的建设，电力通信网承载的重要业务日益增多，对电网可靠运行的支撑保障作用日益增强，光缆作为重要的通信载体，其重要性日益增加。

近年来，地铁、市政、旧城改造等城市建设项目对电力通信光缆及电力管廊的安全运行造成较大威胁，光缆防外力破坏已经成为日常运维中一项较为被动且艰巨的工作。采用光纤振动传感技术，利用变电站的出线光缆空余纤芯，搭建电力光缆及管廊防外力破坏预警系统，把光缆作为长距离传感器，感知沿线振动信息。对采集的振动波形进行数据处理，形成分级分类告警输出，可以实现对电力通信光缆及管廊的长距离以及"7×24"小时实时防外力破坏预警防护。

以配电管廊环境为例，利用配电管廊中已有的通信光缆作为温度采集传感器，采用基于拉曼散射原理的分布式光纤测温传感技术，通过测温装置检测/监测光纤中的光散射信号采集温度信息，从而实现对电力管廊内部环境和设备的态势感知与风险预警。

3.3.3 立体超宽

1. 光纤到站，光电同达

光纤网络是电力网络的主要组成部分，一直是电力企业实现业务承载和数据传输最重要的通信手段之一。随着新型电力系统的建设，源、网、荷、储各环节都对光纤网络通信性能提出了更高的要求。

以配用电场景为例，电力用户对供电保障能力、电能质量和服务效率的要求越来越高，分散化清洁能源发电模式对配电网设备和运营提出了灵活性、自协调性的要求。配网涉及电压等级多、覆盖面广，建设需求随机性强，需要配电通信网络具有：开放、标准化的体系架构，能满足集中和分布的配网系统控制要求；系统内所有智能装置（配电终端设备、用电设备、分布式能源、充电基础设施等）能和主站系统之间高速、双向通信；良好的扩展能力和经济适用性。

采用配电全光网络技术，将 OLT（optical line terminal，光线路终端）部署在变电站，通过不等比分光器，沿光纤延伸到环网柜、开闭所、柱上开关等配电自动化通信终端，实现电网状态监测和调控应用。终端之间采用手拉手的方式联接，可保证较高的可靠性。全光网络采用单模光纤，支持双向通信，且带宽可随需平滑升级，目前带宽可达 10Gbit/s 级，未来可达 Tbit/s 级，潜力近乎无限。

2.Tbits 级骨干，多样化接入

在"双碳"目标指引下，数智化技术正在加速融入新型电力系统的各个环节。随着电力行业智能化不断发展，感知能力不断丰富与增强，生成的业务信息量也在极速增长，支撑电力行业大模型的训练数据更加丰富完善，训练出的模型更加精准。训练出的模型也要迅速下发，推动业务处理更加智能。针对 PB 级样本训练数据上传、TB 级大模型文件分发的突发性、周期性、超宽带联接需求，需要建设大带宽、低时延、智能调度的网络，实现"数据上得来、智能下得去"的持续进化循环。

算内网络：数据中心 AI 训练集群网络丢包率会极大影响算力效率，万分之一的丢包率会导致算力降低 10%，而千分之一的丢包率会导致算力降低 30%。针对超大规模 AI 集群互联需求，利用 400GE/800GE/Tbits 超融合以太、网络级负载均衡等技术实现大规模、高吞吐、零丢包、高可靠的智能无损计算互联。

算间网络：在中心构建共享的高阶模型训练和共享推理资源池，在区域建设低阶模型训练和较小规模的推理算力，并根据不同区域业务规模、业务种类、算力需求等采用 AI 算力集群、训练服务器、推理服务器、训推一体机，分别在中心和区域建设训练中心和推理中心。因此存在大量的数据跨区域互传需求，如训练数据上传、算法模型下发、业务应用下发、业务数据传输等，相应地需要在区域之间提供百 Gbit/s 甚至 Tbits/s 级别的算间网络联接能力。

入算网络：承担着感知设备的接入及汇聚到骨干网络、数据中心网络的职责。接入网络通过 5G-A、F5G Advanced、Wi-Fi 7、超融合以太 (HCE)、IPv6+ 等多样化接入技术，实现稳定、可靠、低时延的感知设备接入；同时，接入网络还承载着多种业务类型，比如实时业务处理、训练数据采集与上传、推理模型下发至边缘计算节点等，需要接入网络能够根据业务类型分别设置网络资源，为不同的业务数据设置不同的资源优先级。

3. 空天地一体无缝覆盖

随着新型电力系统中新能源、分布式电源、储能等业务向电网两端不断延伸和扩展，多种多样的电力设备和服务将覆盖山区、沙漠、海洋等广阔区域，使得信息服务的空间范围不断扩大。例如，海上风电场运行环境恶劣，工作人员很难

接近风电场，可靠的远程通信和监控系统能够实现对风电机组设备运行状态的实时监测，分析各种设备反馈信号并及时发现故障隐患，降低运行及维护成本；特高压输电线路距离长，部署在地广人稀的山区，对线路、杆塔等设备的状态监测信息需要通过通信网络回传至系统主站，确保设备运行正常。

为应对上述挑战，构建空天地一体的立体化通信网络（见图3-4），发挥电力数字基础设施广泛连接数字要素、物理要素及社会要素的作用，提升源网荷储各环节数据流传输效率、能源流运行效率，驱动业务发展。

空天地一体化网络包括传统的地基网络、由各种轨道卫星构成的天基网络以及由飞行器构成的空基网络，在管控系统的协调控制下，形成"任何时间、任何地点、永远在线"的全时空通信网络。其中地基网络包括通信接入网、骨干网等，承载源荷互动、分布式电源调控、微电网接入等业务；天基网络以北斗卫星通信为主，通过星链实现跨地域超长距离通信，作为地基网络的补充，承载光纤不可达地区生产管控、海上风电接入等业务；空基网络主要包含平流层通信网络和无人机通信网络，重点在应急指挥、重大保电保障等特殊应用场景下实现区域通信覆盖。

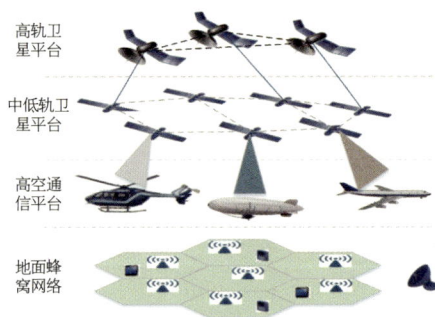

图 3-4　空天地一体网络应用

3.3.4　智能敏捷

1. 网络运维自动驾驶

伴随着电力事业的蓬勃发展，电力通信网络建设规模成倍增长，面临网络架构日趋复杂、承载业务系统众多、应用日趋复杂等挑战，如何减轻人力负担、降低人为错误风险成为网络维护工作的重中之重。

新型电力系统网络运维工作融合大数据、云计算等技术，引入机器识别、自然语言处理、自主强化学习、智能决策等 AI 能力，通过整合网络运维数据，提供有效的深度学习与处理手段，实现无间断、全方位的通信服务。

通过新型电力系统网络运维自动驾驶，可实现对网络、业务等维度路由方式的自动设计、网络风险的自动分析等功能，从而随时发现电力通信网络中存在的安全隐患，将网络维护人员从繁杂的分析工作中解放出来，持续提高电力通信安全运行的水平。

2. 云边协同，云网融合

我国"十四五"规划中明确提出要"协同发展云服务与边缘计算服务"，国务院《"十四五"数字经济发展规划》指出要"加强面向特定场景的边缘计算能力"。

当前越来越多的边侧智能设备正在接入电力网络。边缘计算靠近用户，可为各项业务提供延时较短的计算服务；而云数据中心距离用户较远，虽然业务实时性较难保证，但可以提供强大的数据计算和存储能力。云边协同充分发挥了云数据中心与边缘计算节点之间的互补协同能力，云数据中心部署大数据平台，进行模型训练和指令下发，边缘计算节点按照模型进行推理，按照指令进行应用部署、启动、停止、删除及版本更新等操作。

云边协同促进云网融合。以变电站视频监控场景为例，随着变电站智能化改造的升级和加速，更多高清摄像头在变电站得到部署。当前视频部署方案采用站内部署 RPU(remote processing unit，远程处理单元)，通过综合数据网接入地市、省、网视频云平台，每个变电站预留 8Mb/s 带宽，通过流媒体服务方式供各级视频云平台调用站内实时视频或历史视频，只能满足日常巡检、一般倒闸操作等基础业务需求，有限的网络带宽难以保障突发流量的网络弹性需求。

基于云边协同、云网融合的变电站视频监控应急保障方案，通过打通视频云平台和各级网络控制器之间的信息交互通道，在云端集中调度单个或多个变电站大量视频业务的需求下，在目标变电站、各级视频云平台、各级应急指挥中心之间快速建立应急通道，保障重要站点视频全部上传至视频云和各级指挥中心，支撑电网应对重大事件，满足可视化应急指挥需求。

3. 多样性计算 /AIGC

在电力行业，基础大模型拥有百万级到千亿级别参数。CV 大模型、NLP 大模型、多模态大模型，通过与电力行业知识结合，快速实现不同场景的适配，少量样本也能达到高精度，基于预训练 + 下游微调的工业化 AI 开发模式，加速电力智能化应用。

以风力发电场景为例，大容量的风力发电机组可以有效减少风电设备的运行维护成本，降低风力发电成本，提高风力发电的市场竞争力。但是，自然界的风速方向及大小会受到气候（大气的压力、温度和湿度）变化，地理（地形、地貌、地势）状况，风机自身（尾流、湍流）等众多随机性因素影响，使风力发电机组所获得的风能也随机变化，这就对风力发电机组的控制系统提出非常高的要求，传统的控制方法很难做到精准控制。

智能跟踪区间方法运用人工智能技术，将平均风速和湍流强度作为神经网络的输入变量，以具体风机的仿真数据作为训练样本数据，以补偿系数作为神经网络的输出变量，从而使跟踪区间的优化设定能够同时考虑随时间不断变化的风速条件与随机型改变的风机相关气动、结构参数。与传统功率曲线法、DTG 方法、自适应转矩控制、收缩跟踪区间方法比较，智能跟踪区间法不仅有良好的风速环境适应性，可进一步提高风能捕获效率，还增强了设定跟踪区间方法针对不同风况、不同机型的更广泛的适用性。针对影响 MPPT 性能乃至跟踪区间设定的复杂因素及相互关系，人工智能技术（神经网络）不失为一种方便、有效的解决途径。

大模型训练需要算力集群支持。算力集群分为三类：高性能计算算力集群（HPC/ 超算计算中心）、人工智能计算算力集群（AI 计算中心或智算中心）以及通用计算算力集群（云与大数据中心）。过去这三类算力集群以烟囱化建设模式为主，未来将走向融合建设的模式。比如：HPC+AI 可以极大地提升传统 HPC 的计算效率，"短期天气预报"就是一个融合 AI、大数据和科学计算的典型实例。未来，新型数据中心将是提供多样性计算综合能力的算力集群，以满足行业智能化的需求。

3.3.5　绿色低碳

1. 绿色数据中心

2030 年，人类将迎来 YB 数据时代，对比 2020 年，通用算力将增长 10 倍、人工智能算力将增长 500 倍，算力需求十年百倍的增长将成为常态。数据中心作为人工智能、云计算等新一代信息通信技术的重要载体，已经成为新型数字基础设施的算力底座，具有空前重要的战略地位，堪称"数字经济发动机"。

一边是算力需求以远超摩尔定律的速度增长，而另一边却是电力资源约束。在供电方面，绿电比例低、为保证可靠性带来的电网利用效率低、供电损耗环节多以及使用大量的柴发备用电源，最终实际用于 IT 的有效电力普遍不足 80%。在制冷方面，当前数据中心大部分时间依靠压缩机制冷，制冷效率低下，并且静态的制冷架构难以匹配算力快速的变化需求。随着"碳中和"逐渐成为全球的共识，数据中心将加速向绿色低碳的方向迈进。绿电的发展为数据中心提供了更加丰富、优惠的电能供给，全面助力数据中心零碳目标的实现。2024 年 7 月 23 日，国家发改委、国家能源局等 5 部门发布通知，联合印发《数据中心绿色低碳发展专项行动计划》，到 2025 年底，国家枢纽节点新建数据中心绿电占比将超过 80%。预计到 2030 年，大型数据中心绿电使用率将达到 100%。

供电制冷走向全天候绿色零碳：面向 2030，新型供电系统通过采用长时储能、氢燃料发电机、本地光伏等，与虚拟电厂形成"源网荷储"互动，使电网能够充分利用数据中心多余的电力储备来满足不断变化的负荷需求，辅助解决风电、光伏的随机性和间歇性问题，提升大比例清洁能源电网稳定性和利用效率，实现数据中心近 100% 绿色供电。供电系统也将进一步融合，减少损耗，数据中心中实际应用于计算的电力占比将提升到 95% 以上。新型制冷系统通过风冷、液冷兼容性架构设计，支持风液动态灵活调配，能够更好地匹配急剧增长的算力需求。

通过降低传热温差，因地制宜充分利用干空气、湖水等自然冷源，将实现近100%自然冷却，制冷能效提升2~3倍。通过余热品位提升及余热发电、余热配套产业合理规划，100%余热利用将成为可能。

如图3-5所示为新型数据中心全绿色供电及动态制冷参考架构。

图 3-5　新型数据中心全绿色供电及动态制冷参考架构

2. 算网与电网融合

2024年7月25日，国家发展改革委、国家能源局、国家数据局印发《加快构建新型电力系统行动方案（2024—2027年）》，指出要实施一批算力与电力协同项目。统筹数据中心发展需求和新能源资源禀赋，科学整合源荷储资源，开展算力、电力基础设施协同规划布局。探索新能源就近供电、聚合交易、就地消纳的"绿电聚合供应"模式。整合调节资源，提升算力与电力协同运行水平，提高数据中心绿电占比，降低电网保障容量需求。

随着算力网络基础设施逐渐完善，调度控制技术水平不断提升，算力将成为最优质的灵活调节负荷资源，算力以算网的形态与电网深度融合，成为新型电力系统的重要组成部分。当前阶段，数据中心逐渐由单纯考虑计算量分布向考虑电力消费成本转变，以算力消耗电力为主。未来，数据中心通过部署分布式新能源，在引导绿电消费的同时，成为灵活的需求侧响应资源。最终，电力与算力协同调度的同时电力与算力基础设施也将实现融合。未来算力调度成本可能会低于输电线路和储能建设成本，进而助力更低成本、更安全的电力系统绿色低碳转型。

3. 系统级绿色创新

清洁低碳是构建新型电力系统的核心目标，电力数字基础设施作为新型电力系统的重要组成部分，绿色低碳是基本要求。为了实现绿色低碳发展目标，需要从芯片、架构、材质等多方面进行系统级创新。

芯片级创新：根据第三方的预测，2028 年数据中心内将实现 100% 的全光化连接。面向高性能计算的芯片出光技术通过将光学收发芯片放进计算芯片封装内，可以大幅改善芯片扇出带宽，降低光互联功耗，实现可媲美板内 / 框内电互联的带宽密度 / 功耗水平，同时，又能提供电互联无法达到的互联距离（~km 级），为集群系统互联提供了一种低功耗，大容量的新技术路线。

架构级创新：未来数据中心将走向"以数据为中心"，满足多样性计算，融合计算、存储、网络的超融合架构。将计算、通信以及存储承载在统一协议栈上，打破传统分散架构限制，实现从通用计算、高性能计算和存储网络的三张网到一张网的融合部署，统一网络架构，推动无损网络向超融合网络架构演进。预计到 2030 年，超融合以太网络在大型数据中心的渗透率将达到 80%。

材质级创新：新型光纤的应用将对数据中心光互联产生革命性的影响。以多芯光纤为例，由于其特殊和优异的光纤特性，将进一步推动数据中心实现更低时延、更高密度、更低成本的光互联。多芯光纤是多个纤芯共享一个包层，其中每个纤芯都是单模，且纤芯之间的串扰很小，极大地提高了通信容量，其应用将对数据中心光互联产生革命性的影响。多芯光纤可大幅提升光传输容量和频谱效率，节约布线成本和管道资源、降低能耗，在数据中心布线中具有应用潜力。

3.3.6 安全可靠

随着新型电力系统的建设和发展，未来新型电力系统的市场格局、市场机制、交易方式等将重塑，参与电力市场交易的主体将越来越多。新型电力系统不再是一个封闭系统，而是逐步开放共享、多数据互联互通的电力生态系统，这一系统将面临更多的网络安全挑战。

公共设施平台数据交互面临安全风险：由于公共设施平台数据共享和交互的需要，电力市场交易数据、用户隐私数据等敏感数据的流通性增加，从而存在较高的泄密和被篡改风险。

分布式终端部署环境面临安全风险：新能源、电力电子装备数量爆炸式增长，形成海量接入。分布式设备多处于无人值守的开放物理环境中，容易遭受物理利用、固件篡改。

传统网络安全威胁依然存在：终端安全检查设备功能不完善，易受到病毒侵入、外部入侵等；网络设备本身功能不完善，设备访问自身安全性不足，易受到外部入侵攻击、造成设备漏洞被利用等；关键业务的容灾和高可用力度不够，易出现密码被破解、DDoS 攻击等。

1. 云网端一体安全防护

随着新型电力系统的不断演进和发展，电力企业不只是在寻找一种能够更好地控制其零散的基础设施和部署的统一架构，而是更需要一个能够安全、直接地部署新技术和新服务的系统。仅仅依靠联接不同安全技术的变通方法是不够的，企业需要一个全面覆盖、深度集成和动态协同的云网端一体安全防护解决方案，支持在一个庞大的电力物联生态系统中协同运行，自动适应网络中的动态变化。

电力云网端一体安全通过对云网端信息进行持续的全量收集，以及统一的安全分析、动态评估和整体呈现，打破安全运营"烟囱"，实现终端动态可信网络准入和自适应攻击防御，提升安全分析精准率，实现精准溯源，缩短威胁遏制时间，最终实现云网端一体化防护和一体化运营。

2. 基于零信任的安全体系

零信任是一种安全理念，强调"永不信任，始终验证"。对"零信任"来说，安全无时限，危险每时每刻存在；安全无边界，危险来自各个方面；安全不取决于位置，无法决定可信度；所有人、物、端、网、供应链均需动态认证授权。在零信任理念下，网络位置不再决定访问权限，在访问被允许之前，所有访问主体都需要经过身份认证和授权。不再仅仅针对用户进行身份认证，还将对终端设备、应用软件等多种身份进行多维度、关联性的识别和认证，并且在访问过程中，可以根据需要多次发起身份认证。

基于零信任的安全体系核心逻辑组件包括 PE（policy engine，策略引擎）、PA（policy administrator，策略管理器）、PEP（policy enforcement point，策略执行点）等。它打破了旧式的"网络边界防护"思维，对边界内部或外部的网络统统采取不信任的态度，必须经过验证才能完全授权，实现访问操作，确保只有经过安全验证的用户和设备才能够访问系统，以此来保护应用程序和数据安全。

3. 极限备份的双平面保护

随着电力系统的发展和用户对供电质量要求的提高，能否快速解决电力系统故障，在保证供电质量的同时将停电范围减到最小，成为电力系统运行者必须考虑的问题。

以调度业务为例，调度数据网是电网调度自动化、管理现代化的基础，是确保电网安全、稳定、经济运行的重要手段，是电力系统的重要基础设施，在协调电力系统发、输、变、配、用等组成部分联合运转及保证电网安全、经济、稳定、可靠地运行方面发挥了重要的作用。调度数据网通过采用双平面保护，骨干网络A、B双平面架构，骨干网扁平化延伸到地调，接入网络双机部署，交叉互备，从而实现控制、转发、管理等多层面防护技术，确保设备安全；采用全分布式转发，关键部件冗余，支持热插拔等关键故障保护机制，确保设备高可靠；采用先进的技术，适应电力长距离、广域、高精度（小于 $1\mu s$）全网时间同步，保障电力业务的高可靠运行。

3.4 电力数字基础设施发展展望

展望未来，随着数字化技术不断演进，电力数字基础设施将具备更加丰富、先进的技术特征，以支撑新型电力系统建设。

1. 从不确定到确定性时延，时间敏感网络（TSN）实现 IT/OT 融合

在有线领域，当前电力行业的主流连接方式是使用工业总线和工业以太。传统的 IP/Ethernet 网络虽然具有开放性好、互通性好、产业成熟、带宽大、成本低等优势，但是其网络服务是统计复用的、尽力而为的，不能提供行业所需的时延确定性保障。而基于场景设计的工业以太网络通过特定的方法实现了时延有界，但是其互通性、可扩展性较差，且使用专用的软硬件，对于用户而言成本更高。时间敏感网络是一项兼具传统以太和工业以太两者优点的技术，为用户提供低成本、大带宽、支持统计复用的网络基础设施，解决各种总线、工业以太协议互通难的问题；又具备有界时延、极低时延、自动化网络配置、高可靠性等性能优势。

当前，TSN 技术标准（有界时延、资源管理、时间同步、高可靠性等）完成了发布，众多芯片厂家陆续推出了满足标准的芯片，10 多家设备厂家发布了产品及方案，不同厂家的互联互通得到充分验证，在中国及海外已有商用部署案例。同时，Wi-Fi 7 在带宽、时延及可靠性方面优势明显，可为 TSN 网络提供无线侧的灵活性和扩展性，Wi-Fi 7 无线 +TSN 有线结合为工业自动化、机器人等应用提供更多可能，加速商用进程。

2. 生成式人工智能将为网络大模型（NetGPT）发展带来机遇

生成式人工智能将驱动网络大模型发展。大模型"百模千态"的个性化发展为通信网络大模型的出现提供了绝佳的机遇，应用层大模型必须经过网络才能和终端用户连接起来，而通信网络具备"瘦腰"的特性，因此要求存在一个通信网络大模型（NetGPT），使用统一的大模型处理多类网络业务，减少业务复杂度是未来趋势；当前网络大模型还处于起步阶段，应用场景还在初步探索中，目前主要有大模型赋能知识管理平台以及交互式网络意图引擎处理等几个场景，面向未来，网络大模型可能会发展到在云边协同部署，有助于有效编排异构分布式通信

和计算资源，是网络大模型 NetGPT 发挥重大作用的关键一步。

3. 新的数据范式将以新的数据架构加速 AI 大模型的训练 / 推理

AI 大模型的兴起，促进了大算力 + 大数据 + 大模型的化学反应，推动了向量存储、近存计算等存储新范式的创新。

向量存储：外挂知识库正在成为大模型应用的必备组件。知识库就是一个新型的外置存储，为我们带来了全新的数据范式，称之为向量存储。向量存储秉承"万物皆可向量"的理念，将所有知识内容、提问输入转化成向量表示，把多模态、高维度的非结构化数据的特征提取出来，并在推理应用时进行快速的查询检索，找到与问题最接近的知识内容（即在向量表示中距离最近），将这些内容输入大模型，形成更加精准的回答。如此往复，向量存储就成为一块 AI 大模型的外置记忆块，用于长期存储这些数据，供大模型随时调用，也可以及时更新。向量存储将成为一切大模型数据的基础，一方面，向量存储需要具备每秒一万次级别的向量检索能力，以快速在数十亿甚至上百亿条向量中进行模糊查找或精确匹配；另一方面，还需要支持跨域、跨模态数据的索引查找，比如来自多地多源头同一事物的图片、语音、文字等多模态形式，实现信息快速关联与聚合。

近存计算：大模型的数据预处理涉及至少 3 次存储、内存、处理器间的数据移动，消耗 30% 的计算与网络资源。为了减少或避免数据搬移带来的系统开销，需要通过近存计算、以存强算的能力，将算力卸载下沉进存储实现随路计算，让数据在存储侧便完成一部分过滤、聚合、转码任务，释放 20% 的 CPU、GPU、网络、内存资源，一定程度上减少对 GPU 的依赖。

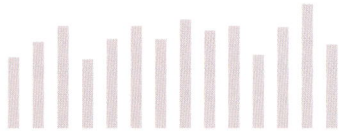

电力数字化典型场景

4.1 场景矩阵

综合考虑新型电力系统的发展趋势及价值属性，按照电力系统各典型环节与业务逻辑进行梳理与划分，共形成 14 个典型场景，如图 4-1 所示。其中，横轴按照电力系统电源、电网、负荷的典型环节进行划分，储能系统按照接入位置不同包含于各环节中，纵轴按照规划建设、生产运行、营销服务、调度等不同业务逻辑划分。

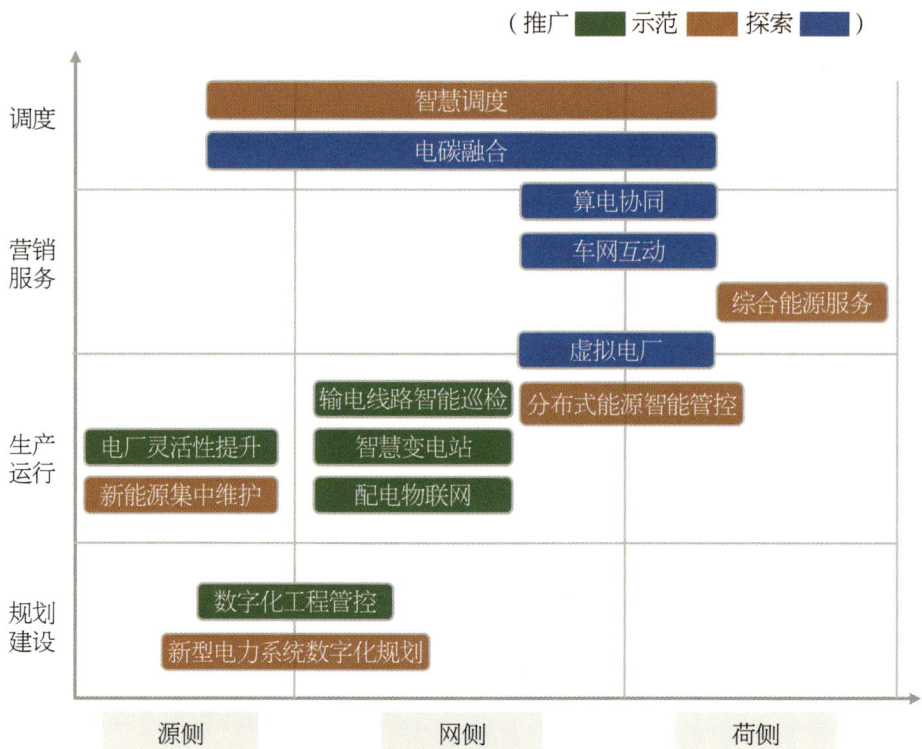

图 4-1　电力数字化典型场景矩阵图

按照技术成熟度水平，将各场景分为"推广阶段""示范阶段""探索阶段"。其中，推广阶段是指场景已经有成熟的解决方案或建设标准；示范阶段是指场景体现出了应用价值，已有相对成熟的解决方案并在部分地区实现了工程示范，规模化应用仍待工程示范验证；探索阶段是指价值不明晰，或者解决方案仍需要关键能源技术与数字化技术的突破及支撑。

结合电力数字化 14 个典型场景业务挑战梳理和自身需求归纳，分析电力数字基础设施特征与典型场景对应关系如表 4-1 所示。

表 4-1　典型场景数字技术需求归纳

典型场景	业务分类	发展阶段	业务挑战	业务需求	技术需求	特征表述
新型电力系统数字化规划	规划建设	示范	（1）工作视角由传统的"负荷预测—电源规划—电网规划"串行工作方式转向侧重系统各部分内在关联的并行工作方式；（2）新型电力系统中，可再生能源高比例接入，用户用电行为多元化，负荷特性趋于复杂，供需平衡和系统运行的典型值难获取	（1）需要对电源、电网、负荷等数据进行整合和分析，在科学、精准协调分析基础上，进行合理的决策；（2）需要构建新型电力系统协调规划大模型，实现电力电量保障、电力流布局、新能源布局与系统调节能力统筹优化规划	（1）构建数字化平台和数据共享机制，实现电力系统全生产周期数据深度融合；（2）运用大数据、大模型技术，建设适应新型电力系统的规划仿真体系；（3）构建行业智能数据中心，提升多元化算力和存力	实时全联，智能敏捷，绿色低碳
数字化工程管控		推广	（1）提升作业人员及设备安全风险管控能力，实现电力工程建设本质安全；（2）数字化工程管控系统中有大量的关键设备和系统连接到网络，面临权限管控、网络攻击和数据泄露等风险	（1）实现工程工地现场全要素数字化，建筑图纸的可视化和智能化，工程建设实时高效管控；（2）强化数据共享中的确权及动态访问控制，提高敏感数据泄露监测、数据异常流动分析等技术保障能力，构建数据可信流通环境	（1）运用 5G、WLAN、物联网等技术，实现工程现场全要素数字化；（2）运用边缘计算、大数据分析等技术，辅助管理人员决策管理；（3）运用内生安全理论及技术，提高主动免疫和主动防御能力，实现本体安全、网络安全、数据安全	通感一体，智能敏捷，安全可靠

续表

典型场景	业务分类	发展阶段	业务挑战	业务需求	技术需求	特征表述
电厂灵活性提升	生产运行	推广	（1）宽负荷快速响应能力不能适应新能源波动性特点，现有技术条件下火电灵活性改造存在困难；（2）火电机组在频繁、快速、深度调峰运行方式下，相比于传统常规运行方式，更容易引起发电设备热力参数与应力非线性变化时空错配，关键设备安全风险增高	（1）利用先进测量及状态感知技术，更大范围内促进生产控制数据与管理信息数据的融合；（2）构建电厂系统经济运行物理和数学模型，同时充分利用海量数据和专家经验，实现多系统快速动态协调优化，保证安全灵活运行下机组经济性	（1）运用先进测量手段构建可观可测的全方位感知体系；（2）基于先进互联传输技术打造低延时、高效可靠的支撑网络；（3）采用大数据分析和人工智能技术助力多目标优化问题求解	实时全联，智能敏捷，安全可靠
新能源集中维护		示范	（1）风电机组关键部件的制造、安装成本高昂，故障所引起的停机损失巨大等挑战；（2）光伏电站地处偏远、气候恶劣，运营成本高昂，运维难度大，检修不及时等问题突出	（1）建设远程操作和控制系统，允许运维人员远程监控和操作新能源设施，调整设备参数和运行策略；（2）应用智能算法预测设备故障并给出解决方案，持续优化运行策略	（1）物联网结合边缘计算，实现边端全面感知与智能；（2）人工智能和机器学习服务运营管理与决策；（3）云计算和大数据构建中心算力，区块链促进能源市场发展	通感一体，智能敏捷，绿色低碳
输电线路数字巡检		推广	（1）输电线路无信号区域普遍存在，同时信息交互需求不断增大，阻碍了输电线路巡检业务的顺利开展；（2）应用智能化水平待提升，人工作业与机器作业尚未形成技术互补、资源互补，未能充分发挥提质增效作用	（1）构建现场终端与边侧的实时交互通道，确保数据安全可靠交互；（2）建设电网数字大脑赋能生产运行，实现输变配电设备自动预警与智能诊断，环境风险自动识别报警，实时辅助安全生产决策	（1）扩大电力无线专网、公网覆盖，优化骨干传输网和数据网；（2）设备全域互联、数据统一采集，电网状态感知深度与广度大幅提升；（3）采用云边协同架构，云侧开展智能分析，边侧调用智能装备快速消除缺陷隐患	立体超宽，实时全联，智能敏捷

续表

典型场景	业务分类	发展阶段	业务挑战	业务需求	技术需求	特征表述
智慧变电站	生产运行	推广	（1）人工巡检工作量大，仅靠常规巡检难以发现设备潜在问题； （2）变电站设备运行分析、状态预测仍需人工筛选和研判，主动预警和远程诊断技术能力不足	（1）完善基础数据采集，汇聚接入全量站内遥信、遥测、事件、视频、图像、巡检记录等数据，实现场景化增强监视； （2）提升主辅设备状态感知和主动预警能力，推动班组数字化转型，优化运维管理模式	（1）构建覆盖全站范围的安全可靠、低时延的物联网络系统； （2）训练变电站专业模型，在云端构建电力设备智算中心； （3）基于"云网边端"建设体系架构，推进移动作业应用部署	实时全联，智能敏捷，绿色低碳
配电物联网		推广	配电网从无源到有源，从交流为主到交直流混联，从刚性负荷到柔性负荷，从无储能到海量分布式储能，传统方式无法满足配电网高质量发展要求	建设具备实时/准实时能力的生产运行支持系统，实现数据分析应用能力的强化，支撑业务管理提升，逐步实现配电网"运行透明、资产透明、作业透明"的目标	（1）推广应用支撑"云—边—端"协同及智慧应用的融合型配电智能网关； （2）建设全域物联网作为终端统一入口； （3）开发基于先进数据驱动建模与控制技术的配电数字化应用	通感一体，立体超宽，实时全联
分布式能源智能管控		示范	（1）低压分布式光伏存在点多面广的分布特性，调度对象的控制响应特性和通信方式复杂，统一精准调控困难； （2）分布式光伏的波动性和随机性易对电网造成谐波污染、引起电压波动或闪变，双向潮流导致电压变化增大	（1）基于用采主站打造分布式光伏"可观、可测"体系，基于配自云主站打造分布式光伏"可调、可控"体系； （2）基于全域能量管控平台，以融合终端为核心边缘设备实现分布式光伏状态实时监控和分层分级调控	（1）部署新型智能融合终端和集中器，构建数据观测体系； （2）构建以配电自动化主站为主的分布式光伏调控体系； （3）以"云管边端"架构体系实现分布式光伏"可观、可测、可调、可控"	实时全联，智能敏捷，安全可靠

续表

典型场景	业务分类	发展阶段	业务挑战	业务需求	技术需求	特征表述
虚拟电厂		探索	虚拟电厂是增强新型电力系统调节灵活性的关键技术载体和有效手段，需要具备统一灵活接入能力、集中控制调度能力和端到端业务单元控制能力	（1）向上实现与区域统一电力市场对接，发挥海量分布式资源的调节能力； （2）向下能够聚合海量多元异构分布式灵活性资源； （3）对内需要保证其安全可靠、经济运行	（1）构建高安全、高可靠、大带宽、低时延的通信网络，持续加强虚拟电厂即时通信能力； （2）建设大型或超大型数据中心，强化虚拟电厂人工智能（AI）应用； （3）基于核心自主可控安全芯片，实现海量终端的身份认证、数据加密和安全接入	立体超宽，智能敏捷，安全可靠
综合能源服务	营销服务	示范	（1）能源数据孤岛化，限制了综合能源服务多能互补的调控能力； （2）能源系统建设初期缺乏统一的规划和管理机制，运营期间缺乏有效的管理手段	（1）建立面向社会的综合能源厂商、产品及解决方案的聚合平台，推广与发展综合能源服务； （2）对多种能源负荷进行精确计算，构建多目标优化的算法模型，为综合能源项目规划设计提供数据支撑	（1）实时、准确地收集各种能源设备的运行数据，实现云边协同的分布式数据处理上报能力； （2）建立分布式的能源管控平台，优化电力系统运行方式； （3）加强对能源数据的安全存储、传输和使用，确保用户个人信息和商业数据的合法权益	实时全联，智能敏捷，安全可靠
车网互动		探索	（1）车—桩—网尚未实现信息交互共享； （2）调控精度不足，在线协同能力不完善； （3）传统电力监控防护方案，实施经济可行性差	（1）构建电动汽车与充电基础设施、气象云、交通网、电力网之间数据流通共享机制与平台； （2）构建电动汽车充放电负荷资源的调控模型； （3）建立适用于车网互动的经济可行的网络安全技术方案	（1）打造车、桩、网智慧融合创新平台，实现"车—桩—路—网—能"数据流通和业务协同； （2）研发充电负荷与灵活性预测技术，提升大规模电动汽车聚合调控精度与可靠性； （3）建立电动汽车与新能源等产业融合发展的综合标准体系，快速引领和支撑车网互动的规模化发展	智能敏捷，安全可靠，绿色低碳

续表

典型场景	业务分类	发展阶段	业务挑战	业务需求	技术需求	特征表述
算电协同	营销服务	探索	随着人工智能进入大模型时代，对算力的需求不断提升，数据中心能耗也将不断攀升，预计到2025年，数据中心占全球能耗的5%以上	算力以算网的形态与电网深度融合，算力感知电力节能降本，电力调度算力削峰填谷	（1）硬件上融合电力基础设施和算力基础设施；（2）软件上融合电力调度和算力调度	绿色低碳，智能敏捷，安全可靠
电碳融合		探索	电力碳计量方法将逐渐从基于"年度统计"的平均碳排放因子法过渡到基于"实时计量"的动态碳排放因子法，在高时空分辨率碳排放因子计算、大规模电力系统碳排放因子快速计算等方面面临挑战	需要以海量机组出力数据、电力系统潮流数据、电力负荷数据为基础，对海量异构数据处理、快速求解计算	（1）构建基于电力大数据的分布式碳计量终端，实现电网潮流与碳排放流数据的本地汇集与分发；（2）构建基于电力大数据的碳计量服务平台，实现电力系统全环节碳排放流的在线计算	实时全联，智能敏捷，安全可靠
智慧调度	调度	示范	随着新型电力系统建设的推进，电网运行特性日趋复杂，传统的电网调度模式/调度系统已经难以适用，电网调度控制领域面临严峻的挑战	将电网调度运行工作知识和经验进行有效管理和智能化应用，实现电网调控海量信息快速处理与人工智能辅助决策	（1）建设用户多类型终端的统一入口，实现不同厂家和设备之间的兼容性、互联互通；（2）利用人工智能技术，对新能源出力、用户负荷、充电负荷等进行精准预测；（3）基于数据分析和预测结果，通过智能算法和优化模型，实现对电力系统的自动化调度和运行优化	实时全联，智能敏捷，安全可靠

4.2　典型场景

4.2.1　新型电力系统数字化规划

1. 数字赋能的必要性

1）场景定位

新型电力系统中新能源逐步成为主体电源。为适应新型电力系统建设要求，新型电力系统规划需要建立统筹供给与消费、统筹电源与电网、统筹经济与环境、统筹新能源发展与调节能力建设等多约束、多目标的最优决策规划方法。转变传统电力电量平衡、调峰平衡分析方式，以国民经济性和市场经济角度的全系统最优为目标，以安全、绿色、经济为约束，统筹优化负荷规模特性、可靠容量、电力流、系统调节能力、主网架协同等要素，以实现电力系统安全充裕、绿色低碳、经济高效的多目标统筹优化。

2）面临的挑战

随着新能源逐步成为主体电源，系统发电出力的不确定性和波动性显著增大，对规划研究带来的挑战主要包括：一、"双碳"约束。规划过程中，需将降低碳排放量纳入优化目标。完成碳排放基础数据的收集与分析，构建覆盖电力生产全过程的煤炭消耗数据库难度较大。系统层面而言，考虑碳排放约束的优化问题求解难度较大。二、由"负荷预测—电源规划—电网规划"的串行方式改为并行互动方式。源网荷储一体化是新型电力系统的标志性特征之一，传统的串行规划方式效率低，也无法体现源网荷间的内在关联。需要研究建立涵盖源网荷的并行规划工作机制，深入挖掘电源、电网、负荷的内在关联性，提升规划工作效率。三、供需平衡和系统运行的典型值很难获取。新型电力系统中，可再生能源高比例接入电网，用户的用电行为更加多元化，负荷特性趋于复杂。系统的典型运行方式难界定，典型运行值难获取，供需平衡测算难度陡增。四、安全、绿色和经济的多目标优化难度大。全局变量增多，优化主体间相互制约，多维优化问题的求解难度较大。

2. 数字赋能的价值

面向新型电力系统未来发展蓝图，对新型电力系统规划提出了数字化转型需求，推动电力系统向全环节数字化、智能化转变。

基于大数据的决策分析需求。实现新型电力系统多能互补、多元互动的灵活性运行要求，满足分布式电源、多元负荷、储能等大量要素接入，需对电源、电网、负荷等数据进行整合和分析，在科学、精准协调分析基础上，进行合理的决策制定。

多约束条件规划的需求。以安全充裕、绿色低碳、经济高效为目标，在传统规划模型基础上，构建新型电力系统协调规划模型，实现电力电量保障、电力流布局、新能源布局与系统调节能力统筹优化规划。

灵活性规划的需求。高比例可再生能源电力系统规划面临规划框架调整、方法升级和内涵扩充的变革，反映从电源跟随负荷到源网荷广泛互动的运行机制的转变，实现源侧配置充裕灵活性资源，网侧构建灵活性支撑平台，并涵盖储能配置等新形式的要求。

数字孪生的需求。随着分布式资源的不断接入及社会行为的影响加深，能源电力系统的复杂性愈发突出，依托"数据—模型—算法—控制"等可视化与虚实交互技术，开展由规划、建设到运行的全息虚拟场景展示及作业，最大程度提升能源电力系统的认知和研究水平。

如图 4-2 所示为新型电力系统数字化规划流程。

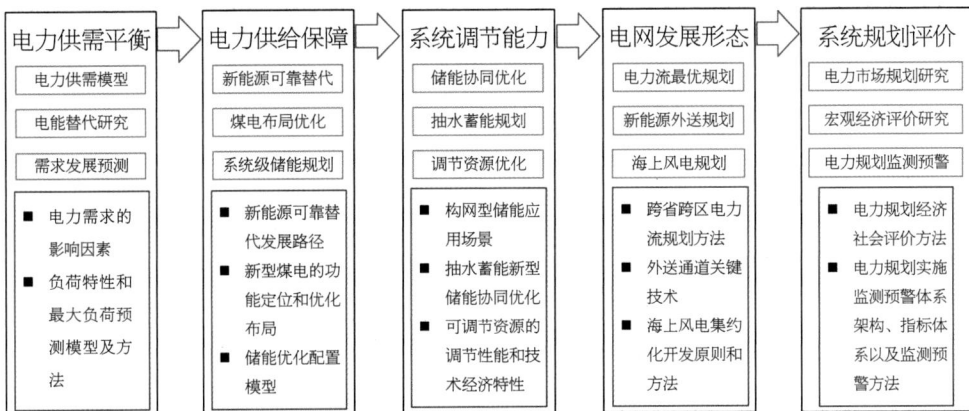

图 4-2　新型电力系统数字化规划流程

3. 趋势展望

电力生产全过程数据深度融合。随着大数据技术的逐步发展与应用，涵盖电力系统全生产周期的电力数据库将逐步形成。跨数据库的数据传输链路、复用机制将逐步完善，数据间的深层次关系将得到进一步挖掘梳理，便于规划分析工作开展。另外，各地新能源资源禀赋数据将单独构建入库，可用于明确规划的边界条件。

适应新型电力系统的规划仿真体系逐步完善。高比例可再生能源接入导致电力系统动态行为发生深刻变化。一方面，规划的工作视角将由传统的串行工作方式转向侧重系统各部分内在关联的并行工作方式。同时开展电源、电网、负荷侧的规划分析，明确三者的边界条件传递关系，提升工作效率。另一方面，仿真分析将采用人工智能、不确定性分析等方法，解析新型电力系统的动态特性，保障系统的安全稳定运行。

计算能力大幅上升。为支撑新型电力系统的数字化建设，需要配备充足的计算资源。数据层面，需要大规模配备存储容量大、读写速度快的硬件存储设备，以支撑大数据分析相关工作。计算层面，应配备高性能服务器与计算主机，以支撑云计算及大规模电力系统仿真分析。

4.2.2 数字化工程管控

1. 数字赋能的必要性

1）场景定位

数字化工程管控是应用 5G、北斗、物联网、大数据分析、边缘计算等信息技术手段，构建智能监控防范体系，用来弥补传统方法和技术监控的缺陷，变被动"监督"为主动"监控"，实现对人、机、料、法、环等的全方位实时监控，实现真正意义上的事前预警、事中常态监测、事后规范管理，实现更安全、更高效的工地施工管理。随着我国经济的快速发展，政府越来越重视民生，对建设工程的质量、安全、文明施工的监管提出了更高的要求。近年来，各级政府纷纷发文要求进一步加强建筑施工领域企业安全生产工作，根据国务院《关于进一步加强企业安全生产工作的通知》的精神，国家能源局《电力安全生产"十四五"行动计划》对于电力工程建设和电力监控系统安全防护能力要求，工地新安装塔吊监控、新开工项目应安装施工现场在线监控系统、完善安全生产动态监控及预警预报体系等是其中重点。

国家能源局《电力安全生产"十四五"行动计划》提出，要提升电力工程建设本质安全，建立覆盖全行业从业人员的信息管理平台，开展工程监理能力专项提升行动，开展"智慧工地"建设工程，深入推进全站安全视频监控、智能安全帽、沉浸式的安全教育体验、人工智能安全隐患和违章识别技术等应用，推进高危作业人工替代技术发展，研发和应用推广适用于电力建设工程的硬岩全断面隧道掘进机，全地形基坑机械作业装备，塔吊安装、拆除及使用安全监测等技术。

2）面临的挑战

人员、设备安全监管技术不足，普遍存在超载和违章作业等现象，企业对塔式起重机等设备信息如塔式起重机使用年限、维修状况等了解缺乏，很难判断设备的合理使用时机和状况；对于人员的状态、信息掌握不足，难以发现作业人员可能存在的安全风险问题。

缺少视频监控、工程管控可视化系统的全面覆盖，难以及时了解工程现场施工实时情况、施工动态和进度，及防范措施是否到位。对于场面比较大的工程、重点项目企业领导需要进行远程监管，出现异常状况和突发事件时，难以及时发现、报警，提醒管理人员及时处理。工程管控需要大量的人力频繁去现场监管、检查，工作效率较低。

工程管控系统统一化建设面临系列技术难题。一是数字工程管控系统中有大量的关键设备和系统连接到网络，面临网络攻击和数据泄露风险；二是人员管理困难，大量数据和系统需要合理授权和进行权限控制，难以保证人员的身份和权限真实可靠；三是设备管理需求复杂，数字工程管控系统建设涉及多个设备的联动运作，需要通过智能化完成各种生产任务，但如何确保设备的可信性和运行安全也成为焦点。

2. 数字赋能的价值

1）解决方案

BIM+智慧工地技术，助力实现工程工地现场全要素数字化。利用 BIM 模型技术、三维建模技术等将建筑项目中相关的信息作为建模基础，为现场施工人员提供可视化、智能化图纸和思路。

将平面的建筑图纸通过计算机技术形成三维建筑立体建筑模型展示，实现建筑图纸的可视化和智能化，能够让设计人员和施工人员形成良好的互动和反馈。通过建筑图纸可视化，施工人员和设计人员能够根据施工现场实际情况有针对性地进行数据和信息沟通交流，同时在建筑图纸可视化过程中的数据收集等为报表生成和效果图的展示等提供了便利。另外，建筑项目在规划设计、项目建造运营过程中的信息交流、项目决策、沟通讨论等都能在可视化的状态下进行，从而可以提高施工现场运作效率。

物联网技术 + 智能化管控，实现工程建设实时高效管控。通过融合人员管理系统、机械管理系统、现场施工管理系统等多个系统功能，使得管理人员能够在平台或 APP 上及时跟进施工过程、进行质量管理、对施工各环节进行协调、对施工现场进行全方面安全监控、跟踪施工现场的全过程管理、实时发现问题、实时告警，达到控制进度、控制成本、精细化管理的目标。

构建大数据平台，实现工程管控各要素精细化管理。以数字化移交三维系统、智慧工地和智能工程系统、智能生产经营系统等各业务数据系统为基础，构建大数据平台，实现智慧工地全要素数字化，通过数据可视化技术全面反映工程建设信息，为后续的数据智能分析和应用提供数据支撑和依据。建立集中管理的数据中心，形成完整的一体化智慧电厂系统和支撑体系，综合运用传感技术、控制技术、信息通信技术等各种新技术手段，从设备层、控制层、管理层各方面提高电厂的运营管理水平。

图 4-3 为数字工程管控系统架构图。

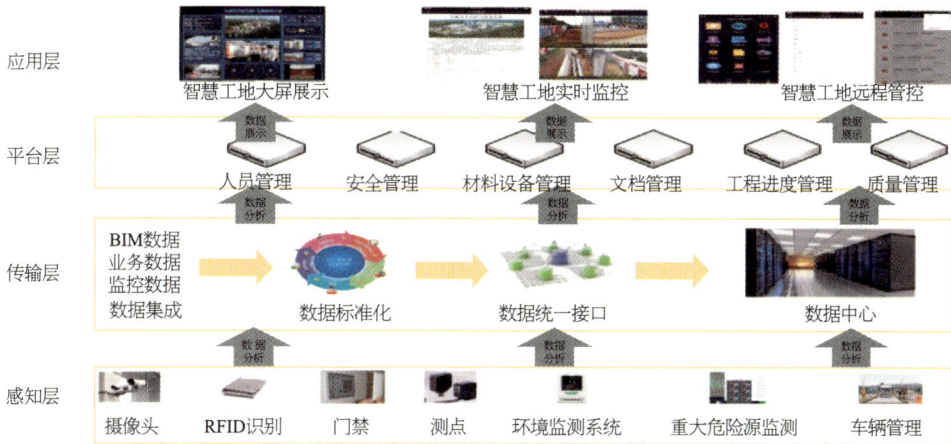

图 4-3 数字工程管控系统架构

2）实践与成效

大唐万宁智慧电厂项目。万宁电厂项目厂区用地范围内的面积 10.02hm², 围墙长 310m, 宽 200m, 最小周长 1100m 左右。针对电源基建工程项目缺乏横向沟通、标准化程度低、管理难度大等问题, 研发了综合性一体化管控平台。该平台综合运用云计算、大数据、物联网、边缘计算、机器视觉、人员定位等信息新技术, 具有车辆管理、施工机械管理、施工设备管理、施工现场管理、周界管理、重大危险源管理、环境管理、安全会议管理、恶劣天气管理、智能人员管控、智能材料管理、智能文档管理、大屏展示等功能, 实现了工地施工过程可视化、智慧化、远程化, 推动工程建设管理从粗放管理向精细化管理转型。实现了设备的全寿命数据实时积累、更新, 并实施智能故障诊断, 可减少设备损坏, 每年可节约超 100 万元。构建的智能质量管理、智能文档管理、智能进度管理、智能化的生产管理系统, 打造的无人巡点检等大范围实现机器代替人工巡视、检查等功能, 可节约岗位定员 10 人, 每年可减少人工费 200 万元。构建数据专家库, 可实现智能进气、智能燃烧控制等, 每年可为公司创造经济效益约 200 万元。

3. 趋势展望

全面数字化。BIM 模型建造已成为现代工程建设精益管理的重要技术, 借助 BIM 模型, 通过专业信息录入技术, 实现 BIM 模型轻量化应用。在 Web 端浏览模型, 进行模型构件信息查询、模型中安全隐患和质量问题查询分析。通过 BIM

应用软件等专业工具，实现模拟建造、可视化交底、管线综合以及 BIM 模型信息存储与共享等。工程管控与 BIM 技术相结合，实现工程现场全要素数字化，助力实现工程管控全方面精细化可视管控。

智能分析化。利用数字化技术，可以智能分析工程过程，从而更好地掌控工程项目动态。智能化分析是减少施工管理人员投入的关键，可提高工程管理的质量，实现数字化管理。搭建移动云中心可为智慧电厂工程管控提供数据存储、管理、分析功能，通过硬件传感器实时监测、采集电厂工程施工现场的人员、安全、质量等各环节的运行数据，基于边缘计算、大数据分析等技术进行全方位管理，对海量数据进行智能分析和风险预控，能够辅助管理人员决策，提高工程项目效率。

高效协同化。通过物联网、人工智能、大数据分析、边缘计算等信息技术手段，实现智慧电厂工程管控、机组运行、设备维护、安全防控和经营管理各功能板块的互联互通和信息融合，打破不同业务板块之间的信息鸿沟，实现电厂人员、设备、物资、环境、管理等各要素的有效协调，最终达到厂级智能协同决策和一体化管理。

4.2.3　电厂灵活性提升

1. 数字赋能的必要性

1）场景定位

灵活性资源是指具备灵活调节能力、维持系统动态供需平衡的各类资源。传统电力系统灵活性资源以火电和抽水蓄能电站为主，随着可再生能源、虚拟电厂、储能等新兴技术的发展以及需求响应等机制的不断完善，逐步形成了源网荷储多元灵活性资源。据测算，源、网、荷、储四个环节灵活性资源比重预计到 2035 年分别达到 61%、12%、10%、17%，2050 年分别达到 44%、12%、13%、31%，电源侧灵活性资源将长期发挥关键作用。

电源侧灵活性资源主要包括灵活性改造后的煤电、气电、常规水电、抽水蓄能及电源侧储能等。气电调节能力强、响应速度快、运行灵活，是现阶段较为可靠有效的灵活性电源，但高昂的燃料成本与气源供应不足制约气电发展；水电调节速度快，但受到来水条件影响；煤电机组可以发挥存量大的优势，可进行小时级、跨日的出力调整。综合考虑可利用性、调节成本及我国电源组成结构等因素，相当长一段时间内煤电是唯一具备大规模经济化深度调峰能力的灵活性资源。2022 年国家能源局印发《"十四五"现代能源体系规划》，明确"要大力推动煤电灵活性改造"。国家发展改革委、国家能源局联合印发的《关于开展全国煤电机组改造升级的通知》指出，存量煤电机组灵活性改造应改尽改，"十四五"期间增加系统调节能力 3000 万至 4000 万 kW，新建机组全部实现灵活性制造。大幅提升燃煤发电厂灵活性是国家和行业的重大需求。

2）面临的挑战

国家《"十四五"现代能源体系规划》明确要求，2025 年灵活性电源占比要达到 24%，按照 2025 年全国总装机达到 30 亿 kW 来计算，完成 24% 的目标意味着灵活性电源装机将达到 7.2 亿 kW。截至 2024 年 9 月底，我国累计实施灵活性改造 3.6 亿 kW，全国灵活调节煤电规模超过 6 亿 kW，"十四五"预期完成火电灵活性改造 2 亿 kW，在现有技术条件下火电灵活性改造容量将不及预期。

传统煤电机组负荷响应调节能力不能适应新能源波动性特点。煤电作为新型电力系统中保障电力安全的"压舱石"，机组宽负荷快速灵活调峰具有多变量、强耦合、大滞后和变参数的复杂非线性特征，电厂传统分散式控制系统现有能力难以满足电力系统柔性灵活的新要求，亟须进行功能及性能提升。

现有设备安全保障技术不能支撑机组长周期安全运行。火电机组在频繁、快速、深度调峰运行方式下，相比于传统常规运行方式，更容易引起发电设备热力参数与应力非线性变化时空错配，汽轮发电机组转动部件等关键设备安全风险增高，其感知、监测和调控技术有待突破，机—炉—电快速变负荷时空动态安全匹配问题有待解决。

系统间数据融合利用效率制约灵活高效协同水平。现有灵活性提升中，电厂设备能耗水平大幅提升，设备间运行性能数据没有实现动态高效匹配，管理流程方面数据贯通壁垒明显，基础资源共享共用、共同发展的模式尚未形成，数据未能有效充分利用和融合治理，缺乏统一集成与高效互动，不同系统间的信息交互和协同效果不足，不能实现灵活高效的协同运行。

2. 数字赋能价值

1）解决方案

如图 4-4 所示为电厂灵活性提升场景数字基础设施技术图谱。

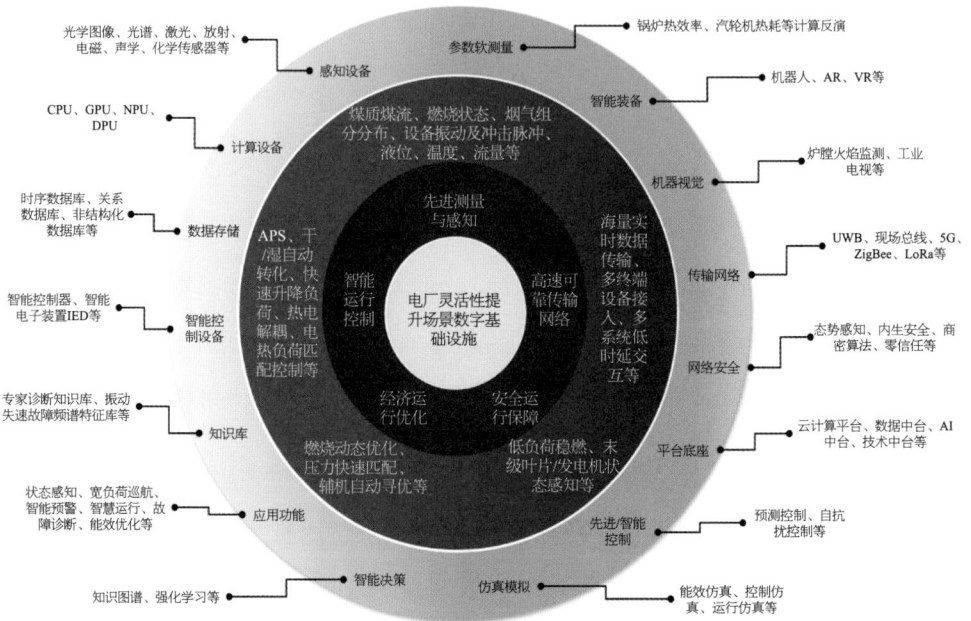

图 4-4　电厂灵活性提升场景数字基础设施技术图谱

运用先进测量手段构建可观可测的全方位感知体系。综合利用基于光学图像、光谱、激光、放射、电磁、声学、化学等机理的先进测量及状态感知技术装备，对灵活性提升应用场景中燃煤机组关键设备和重要状态全方位监测感知，支持机组灵活、安全、环保、经济运行。

基于先进互联传输技术打造高效可靠的支撑网络。采用更先进的物联网技术和设备，解决通信链路易受干扰、传输延迟、数据易丢失等问题，提高数据传输的效率和稳定性，打造低延迟、高质量的数据传输网络。现场总线技术能够实现全数字、双向、多站的数据传输和信息交换，耦合智能化决策应用，可对获得的大量数据和信息进行深入挖掘。工业无线网络作为有线网络架构的拓展和有力补充，可满足多类终端、多种协议、多样数据连接的要求，支持 LoRa、ZigBee 等多种网络接入方式，为灵活运行场景下的多元需求提供高可靠、低延时的网络传输能力。特别是随着 5G 切片网络技术的发展，将 5G 网络应用于生产控制网，可以极大地便利智能设备的接入，更大范围内促进生产控制数据与管理信息数据的融合。

融合先进控制与数据分析技术实现灵活调节。借助设备机理模型、运行历史数据及运行人员经验，融合大数据分析、人工智能等技术，构建智能发电运行控制系统，自动寻找最佳或较优的操作策略和调度方案，为电厂灵活性运行调控提供支持。以主辅机一体化 DCS 为核心，基于开放式算法开发环境，满足火电厂热力流程对系统稳定性要求，解决灵活运行模式下燃烧不稳、大范围变负荷全程自动控制难、一次调频品质差及 AGC 响应不及时等问题，全面提升机组调峰性能、变负荷速率和精度，以及在恶劣工况下的稳定运行能力。

应用故障预警与诊断分析技术为灵活运行提供安全保障。基于设备状态感知开展建模、统计分析与学习，识别关键指标的关联性和内在逻辑，结合专家知识库，对设备异常状态进行诊断、预警、调控，降低灵活运行模式下主辅机设备安全风险。基于发电机状态感知，建立发电机健康状况的智能诊断和智能评价系统，及时发现发电机部件隐患、故障加速劣化趋势，提供状态预警。

借助数据与知识双驱动的能效分析手段提高电厂经济运行水平。大型火力发电机组在灵活运行条件下，运行参数无法实现快速动态优化调整，常常偏离设计运行工况，机组能耗普遍升高。利用先进测量及状态感知技术，结合传统传感监测手段，更大范围、更高维度分析系统运行能量流和数据流，更加精准地进行特征提取和相关性分析，构建电厂系统经济运行物理和数学模型，同时充分利用海量数据和专家经验，采用大数据分析和人工智能技术助力多目标优化问题求解，确定最佳运行工况，实现多系统快速动态协调优化，保证安全灵活运行下机组经济性。

2）实践与成效

智能运行控制在某电厂灵活性提升中的应用。该厂构建厂级智能运行控制系统，机组灵活性提升效果显著：变负荷速率提高至 2.0%~2.5% 额定负荷 /min；机组电网两个细则考核指标 K_p 年度平均值超过 3.5，月度平均值最高达 4.5；机组遥控状态下，实现 30% 负荷深度调峰。

状态监测与软测量在保障某电厂机组安全灵活运行方面的应用。某厂对锅炉高温受热面管屏汽温及壁温进行在线模式识别、数据处理与系统仿真，实现对高温受热面管子进行炉内壁温动态显示、超温统计、热偏差甄别、强度和氧化寿命以及积灰状态等的状态监测，动态揭示炉内各受热面吸热偏差曲线，避免快速变负荷工况水动力特性严重偏离设计值导致的受热面壁温不均和局部超温。同时，耦合炉内温度光学测量技术和管屏积灰测量技术，解决低负荷工况流场恶化导致烟道积灰问题，提升锅炉变负荷安全性 20% 以上。锅炉本体平均检修周期预计延长 12 个月，增强了锅炉低负荷运行稳定性和安全性。

3. 趋势展望

数字化是电厂灵活性提升的关键路径之一。为满足更可靠、更安全、更高效的电厂灵活运行要求，电厂灵活性提升场景的数字技术应用将朝着感知更多维、传输更高效、调节更精准、架构更简洁、平台更可靠、运维更智慧的方向发展。

感知更多维。先进感知技术不断进步，感知手段更加多元。在传统热工测量的基础上，叠加光—声—电—视频等多模态感知手段、不可测参数的软测量手段以及多源数据融合技术，实现对机组运行状态的泛在感知，解决设备全方位运行状态监测难甚至局部无法监测的问题。例如，应用计算机视觉，通过图像识别技术实现对锅炉燃烧状态的非接触式测量，做到更广泛的数据采集和状态感知。

传输更高效。现场总线、物联网、5G 等先进通信技术以及大宽带的普及应用，将进一步优化数据传输能力。先进通信技术凭借低延迟、多协议并行、统一通信标准等优势，可以提高不同设备和系统之间的交互性，实现更智能的数据处理和决策支持，可以支撑各类感知数据实时传输、灵活采集，实现智能化识别、定位、跟踪、监管、控制等，支撑适用于电厂特定场景的实时、稳定、可靠、高效的无线通信。例如，应用 OPC UA 技术把 PLC 特定的协议抽象成为标准化的接口，降低对多协议转换的要求。辅助应用 5G 等移动互联网技术，可以进一步释放通信潜力，提高数据传输效率，为电厂灵活性提升场景提供安全可靠、低延时的网络传输能力。

调节更精准。随着物联网建设逐渐完善，更多设备参量将接入电厂控制系统，使人们能够更精准地掌握设备运行特性，进一步结合先进控制、智能决策等技术，能够制定更加有预测性、针对性的调节策略，进一步加强设备及系统的调节和控制精度，实现由整体到局部的深入，促进机组调节控制更加科学和精细。

架构更简洁。原有 DCS-SIS-MIS 的三层体系架构将被智能发电运行控制平台和智慧管理平台组成的两层体系架构所替代，减少不必要的节点和阻隔，易于使用和维护，降低开发和维护成本，同时控制更加灵敏精准，决策更加智能高效，实现生产控制数据与管理信息数据的高效贯通融合，有力支撑灵活性运行场景下的快速变负荷、安全深度调峰等需求。

平台更可靠。一方面，简洁的平台架构，往往内在逻辑和联系更加清晰，去掉不必要的内容，平台运转更加可靠；另一方面，平台自主可控水平将进一步提升，随着高端电力工控芯片设计和产品化关键技术突破，国产化工控系统以及搭载国产化芯片的存储、计算服务器等将日趋成熟并得到更广泛应用，更加安全可靠。

运维更智慧。随着人工智能技术的发展，"人工智能"将不会局限于一个小场景的数据测算，未来将能够逐渐优化，从辅助运维成长为具有正确决策能力的"运维专家"，借助人工智能强大的计算能力和综合分析能力，实现对机组全方位状态的智能巡检，并促进对设备及系统状态和性能的掌握，科学制订备件更换、设备换新等运维计划，防止或尽可能减少故障事故的发生，提高灵活运行的连续性和可靠性。

如图 4-5 所示为电厂灵活性提升技术架构。

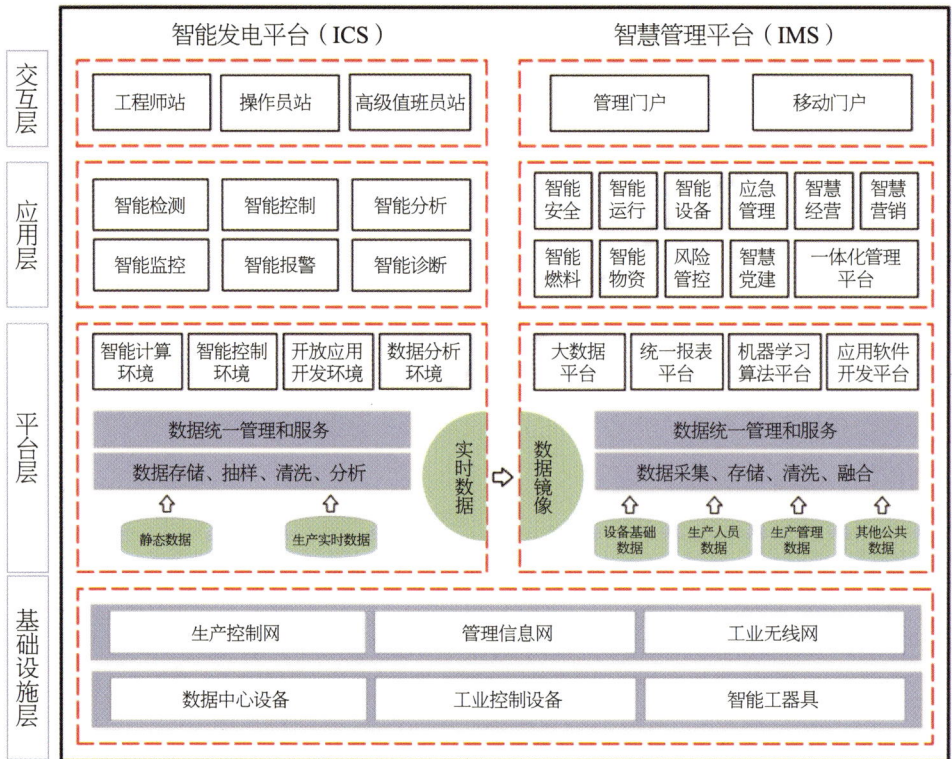

图 4-5 电厂灵活性提升技术架构

引自《火电厂智能化建设研究与实践》

4.2.4 新能源集中维护

1.数字赋能的必要性

1）场景定位

太阳能光伏电站和风力发电场作为主要的可再生能源供应者，为电网提供清洁能源，使人们减少对化石燃料的依赖。电池储能系统充当能源存储和平衡装置，有助于平抑太阳能和风能的波动性，提高电力稳定性。智能电网充当综合调度和监测中心，集成可再生能源、储能和传统能源，支持电力的高效分配和管理。数字新能源集中运维系统包含新能源场站各电气设备的三维实景建模、电力物联网大数据融合及丰富的三维可视化智能管控应用，可实现对全站空间精确测量、一次接线图实景对位设备三维实体、车辆模型三维实景演示、人员定位、各设备异常告警三维动图及电力物联网数据统计与对比等，提升新能源场站运维检修、设备管控及人员管理效率。在数字新能源集中运维系统中，大型新能源电站集群数字化运维需要统筹考虑风电、光伏和储能设备的总体情况，通过采集风、光、储的数据进行量化评价，建立数字化新能源电站，对全站设备工况及故障进行监测和分析，评估新能源场站整体的运行水平。

2）面临的挑战

风电机组主要满足大功率的风能吸收、新能源电网系统频繁的调频需求，面临风电机组关键部件的制造、安装成本高昂，故障所引起的停机损失巨大等挑战。风力发电机的出力受风速的波动影响，可能导致电力生产的不稳定性，需要定期检查和维护，以确保各个部件正常运行。深远海风电是未来主要的发展方向，海上风电场通常位于离岸或深海地区，高风浪、强风、海浪和盐雾等因素可能使风力涡轮机和电缆等设备损害，现场维修难度大，维修响应时间长。

光伏电站多数地处偏远，气候条件十分恶劣，设备长期遭受风沙、极寒、高温及温度剧烈变化等严苛环境的影响，电站运营成本高昂，运维难度大，检修不及时，技术经济性差等一系列问题突出。受扬沙、极寒等恶劣环境影响，光伏电池板和逆变器等设备可能会发生故障，需要定期维护。光伏电站通常位于偏远地区，运维团队可能难以及时抵达现场，导致维护响应时间较长。部分偏远地区可能存在交通限制，天气或地理条件可能使交通通行更加困难，设备故障可能无法及时检测与处理，影响电站性能。

储能环节中的电化学储能电池内部化学过程本质上不可控，且重复性不一致，在电气滥用、热滥用情况下存在发生起火、爆炸的风险。电池储能系统随着时间的推移可能会发生老化，导致性能下降。

2.数字赋能的价值

1）解决方案

实时数据采集与监控，兼顾远程操控。部署边缘端传感器网络和监测设备，定期收集太阳能光伏电站、风力发电场和电池储能设施的性能数据，包括温度、湿度、电流、电压、风速等，做到运营状态在边端的全面智能监控。建设远程操作和控制系统，允许运维人员远程监控和操作新能源设施，调整设备参数和运行策略，做到云端协同，实现端侧的远程操控。

大数据分析结合智能算法，为业务赋能。在云端建立集中算力，利用大数据分析和人工智能技术处理海量数据，自动识别运行状态、趋势变化以及异常情况。应用智能算法预测设备故障并给出解决方案，持续优化运行策略。端侧的清洗后实时数据流为云端的大数据分析提供条件，通过建立设备健康管理模型，预测设备故障和性能下降情况，创建维护计划，以减少停机时间。

智能电池管理系统，与基于区块链技术的能源交易平台。针对电池储能系统，实施智能电池管理方案，实时监测电池状态、优化充电和放电策略，以实现电池的最佳性能和最长寿命，并开发可视化仪表板和报告工具，以实时显示设备性能数据、报警信息和趋势图表。利用区块链技术创建分布式能源交易市场，允许能源生产者和消费者进行去中心化的点对点能源交易。

2）实践与成效

"乌兰察布新一代大规模电网友好新能源集中电站"工程的风光储一体化电站群智慧运维系统于2023年9月16日全部完成吊装，总建设规模200万kW，分为170万kW风电项目和30万kW光伏项目，配套建设55万kW×2h储能系统，分为4个风光储单元，共计建设4个升压储能一体化站和1个风光储一体化电站智慧运维系统。该系统采用一体化平台的BS架构，基于平台大数据和算法支撑新能源场站各类数据的统一采集、存储、建模，规范各类业务模块开发接口和信息交互接口，建设数据中台和业务中台，在此基础上实现公用服务，支撑新能源各类业务对数据、模型的统一访问。该智慧运维系统安全防护的基本策略满足"安全分区、网络专用、横向隔离、纵向认证"的要求。子站的Ⅰ区和Ⅱ区数据分别通过电力专线经路由器、纵向加密装置、实时/非实时交换机接入到集控中心运维系统中。

通过风光储一体化电站智慧运维系统建设，风电机组的平均故障诊断准确率达90%以上，故障预警准确率达85%以上，减少机组严重故障率2%以上，预计实现单台风电机组平均每年节约维修时间32分钟，单台机组增收发电收入1万元以上，节约维护费用 0.2 万元以上。光伏组件能效测试不确定度 ≤ 2.5%，光伏系统能效测试不确定度 ≤ 5%，故障诊断模型精度达 90% 以上。储能系统安全运行，在保障业务需要的情况下，有效提升效率并延长储能系统的生命周期。

如图 4-6 所示为风光储一体化电站群智慧运维系统功能架构。

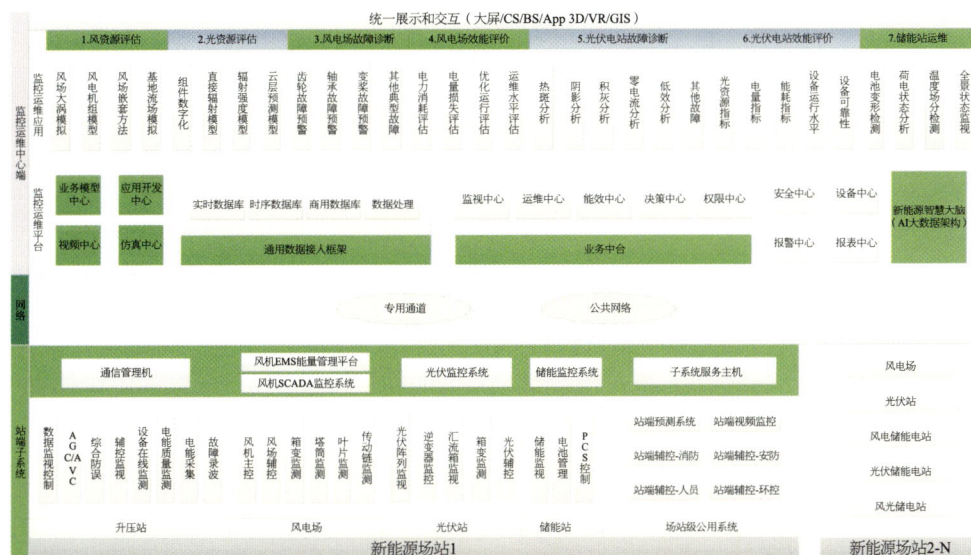

图 4-6　风光储一体化电站群智慧运维系统功能架构

3. 趋势展望

随着数字技术的不断演进，新能源集中运维数字化的发展方向也在不断变化和扩展。

物联网结合边缘计算，实现边端全面感知与智能。新能源设施可以通过大量的传感器和监控设备收集数据，5G 技术将改善设备之间的通信和连接性，支持更快速、可靠的数据传输，减少数据传输延迟，提高响应速度。边缘计算和物联网技术将在实时监测、数据采集和本地处理方面发挥关键作用，结合边缘端的智能应用开发，实现边缘的智能决策。

人工智能和机器学习服务运营管理与决策。更强大的人工智能和机器学习算法将帮助新能源运维人员更好地分析数据、识别模式和趋势，从而更精确地预测设备故障、优化能源管理策略，并提供智能决策支持。尤其是针对储能系统，需要更智能的电池管理系统，利用机器学习不断优化更精确的电池状态监测手段、充电和放电控制策略，以提高电池性能和寿命。

云计算和大数据构建中心算力，区块链促进能源市场发展。云计算提供了大规模数据存储和处理的能力，中心化部署可以对多场站共享算力服务，大数据技术可用于处理和分析来自多个新能源设备的数据，支持更高级的预测性维护和智能运维决策。区块链可用于建立分布式能源市场，实现点对点能源交易，并提高能源交易的透明度和安全性，为分布式能源资源的集成提供新的机会。

虚拟现实和增强现实技术实现可靠性运维，多种应用的协同互通可进一步提高运营效率。虚拟现实和增强现实技术可用于培训运维人员，通过模拟设备维修、可视化设备状态、提供操作指导，来提高运维的效率和安全性。数字化解决方案需要更好地集成和互通，各种应用间的数据打通与工作流贯通，将可以支持多种业务运行，以确保各种新能源设备和系统的同步管理，达到更高的协同效益。

4.2.5　输电线路数字巡检

1. 数字赋能的必要性

1）场景定位

输电线路数字化巡检是指通过各类传感器、图像视频监控、无人机、遥感卫星数字孪生等数字化装备与技术，自动采集分析输电线路设备本体、通道环境等巡视关注信息并识别缺陷、异常等，利用人工智能、北斗高精度定位技术及大数据分析技术实现异常自动判别推送、巡视过程追溯、历史巡视情况获取等，最终实现巡视现场无人化的目标。

随着输电线路数字化巡检技术的发展，系统将逐步实现智能巡检装备全覆盖、数据分析 AI 全自动免复核，运行管理业务流程自驱智慧运行，实现设备缺陷与隐患越消越少，检修的工作量也逐步减少，人更多参与 AI 无法解决的高难度决策以及现场沟通工作中，最终达到"减危、提质增效、缓解结构性缺员"的提质增效目标，持续推进电网设备本质安全。

2）面临的挑战

设备数字化能力有待加强。设备方面，数字设备在输电线路巡检方面零散应用且覆盖不全、应用不广，一二次设备融合不足，现主要依赖外加传感，缺乏输电设备内部感知能力，未能实现输电设备本体的智能化，尚未建立数字孪生体系。在线监测装置、无人机、机器人等数字装备自身质量差异大，入网检测合格率低，无法准确有效提供设备信息，不足以辅助支撑运维、分析与决策。此外，各类传感终端技术参数、规格尺寸、通信规约不统一，导致互联互通能力弱，终端智能化和双向交互水平较低。

无信号区域通信尚无成熟解决方案。输电线路大多处在荒山大岭，无信号区域普遍存在，同时输电线路的信息交互需求不断增大，当前系统中主要采用公网/光纤通信，存在通信方式单一、简单，安全性差，功耗大等问题，不利于数据的实时采集和高效传输，严重阻碍了输电线路巡检业务的顺利开展。

平台支撑和赋能能力不足。数据中心海量资源纳管能力不足，无法支撑输电线路数字巡检业务全面上云，同时云管边端未能实现有机融合，海量数据存储存在难度。

人工智能与人力的互补还远远不够。人工作业与机器作业未能形成技术互补、资源互补，尚未能发挥提质增效作用。应用智能化水平待提升，智能应用停留在监控感知层面，数字化技术跟业务融合不足，大量存量数据价值没有发挥，对智能巡视、智能操作、智能分析等业务的支撑能力尚待加强。

2. 数字赋能的价值

1）解决方案

南方电网输电线路数字巡检场景数字化解决方案采用云边协同架构，如图4-7所示。在云侧主要开展监测分析工作，并将分析的结果下发至边侧，由边侧调用无人机、智能装备等开展缺陷隐患的快速消除，实现输电线路的数字巡检，提升电网的自主化运维水平。

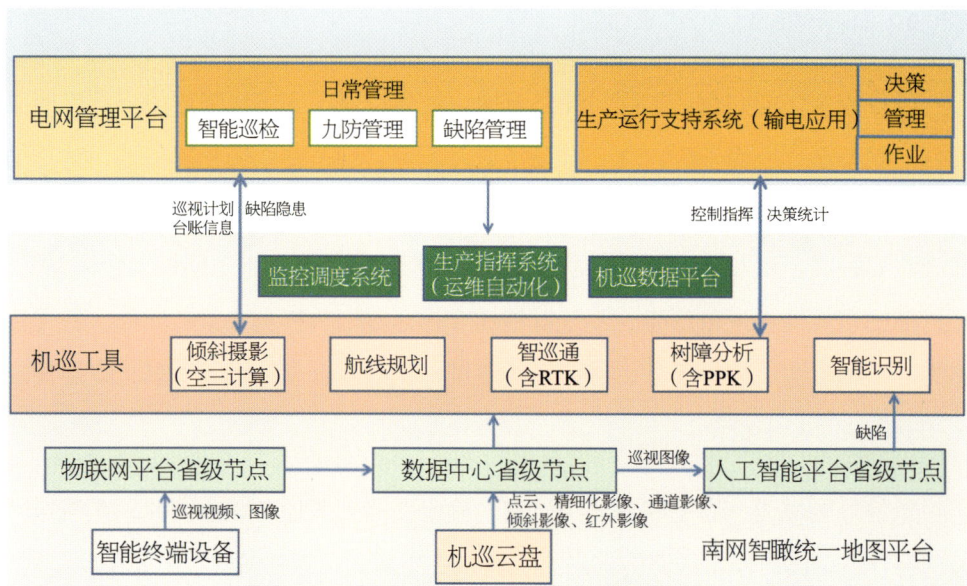

图 4-7　南网超高压输电数字巡检架构

智能感知。由微功率 / 低功耗无线传感器、常规无线传感器、有线传感器等监测装置和视频摄像头、无人机 / 机器人、卫星遥感等感知设备进行对设备状态、环境信息、视频图像、作业信息等数据的采集，实现输电线路本体和通道的全方位感知。

智能分析。利用实时监测数据专业算法，开展架空线路、电缆线路载流量、运行温度计算，实现动态增容预测分析；开发输电线路缺陷和通道隐患识别等输电应用专业算法，支撑"智能识别为主、人工复核为辅"的算法应用模式转变。

智能操作。应用成熟型智能检修设备，推进多种巡视设备协同作业，推动辅助设施远程操控和智能联动功能建设，实现控制程序化、操作远程化与无人化，拓展智能操作业务，提升作业智能化水平。

构建高可靠的网络传输通道。采用 4G/5G、Wi-Fi 6、光纤传输、微波等通信技术和公司通信网络基础成果，构建现场终端与边侧的实时交互通道，确保数据安全可靠交互。通过扩大电力无线专网试点及业务应用、进一步优化骨干传输网和数据网，满足数字生产相关专业业务处理实时性和带宽需求，为设备物联提供高可靠、高安全、高带宽的数据传输通道。针对输电线路大多数处于偏远的地区或恶劣环境、网络环境差的问题，分场景产生解决方案。公网覆盖场景，输电线路监测节点数据，可采用 Mesh 自组网采集＋公网无线回传通信方案。卫星通信场景，对于输电线路杆塔位移或杆塔建设区域的地质灾害、泥石流、滑坡等监测，利用北斗卫星通信技术，利用杆塔监测终端的位移监测数据，实现对杆塔位移毫米级监测分析预警。地下管廊场景，可采用 WAPI 或 5G 专网等大宽带的无线通信技术进行网络覆盖。

运用即时处理的边缘计算能力。运用边缘物联代理技术实时融合、即时处理特性，实现对设备状态、环境信息、作业信息和视频图像等数据的接入与集成，同时具备边缘计算和区域自治能力，可满足数据实时接入、即时处理、就地分析的业务需求。

组建高效的智能巡检生产模式。建设"生产指挥中心＋数据分析（监控）班＋线路运检班＋带电作业班＋电缆运检班"的生产运行模式，依托生产指挥中心开展输电线路设备监盘、监测预警、防灾减灾等工作。

2）实践与成效

2016 年起南方电网超高压输电公司陆续开展机巡业务系统建设工作，实现了机巡作业全流程管理及监督、机巡空域调度及展示、机巡海量数据融合及展示，打通机巡业务事前环节、事中环节、事后环节全链条业务流程。全面完成了输电线路激光雷达点云建模，实现数字化建模全覆盖；全面开展输电自动驾驶航线规划，实现了多旋翼无人机自主巡检全覆盖。机巡业务系统的应用大幅提升了巡视的效率和安全性，每基杆塔巡视时间由 15 分钟减到 7 分钟。累计完成近 20 万公里输电线路三维激光点云数据的分析，及时发现通道树障隐患、分析交叉跨越距离，隐患排查精度有了质的飞跃、排查效率极大提升，有力支撑了超高压输电公司连续 6 年零树障隐患跳闸，确保了南方电网主网架线路的安全稳定运行。

3. 趋势展望

为满足更可靠、更安全、更高效的输电数字化灵活运行要求，输电数字化巡检灵活性提升场景的数字技术应用将朝着感知更全面多维、云网更融合、运维更智能、数据分析更快捷、网络更安全的方向发展。

感知更全面多维。设备本体与感知高度集成化、精准化、规范化，对设备健康状态、运行实况和动态工作进行全维度感知，获得最全面、直接、灵敏反映设备状态的监测参量。电网层面，依托全域物联网实现设备全域互联、数据统一采集，电网状态感知深度与广度大幅提升。

云网更融合。各类边缘计算技术实现设备数据处理的现场闭环管控，减少对通信资源的依赖；物联网技术解决设备态势感知问题，数字孪生有效解决物理设施和数字管理之间的鸿沟。

运维更智能。电网数字大脑赋能生产运行，各类机器人在数字大脑指挥下开展简单、低阶工作。从传统的个体经验判断，演变为数据驱动下的 AI 智能决策，实现输变配电设备自动预警与智能诊断，环境风险自动识别报警，智能研判、预测预警安全生产情况，实时辅助安全生产决策。

数据分析更快捷。运用边缘物联代理技术的实时融合、即时处理特性，实现对设备状态、环境信息、作业信息和视频图像等数据的接入与集成，同时具备边缘计算和区域自治能力，可满足数据实时接入、即时处理、就地分析的业务需求。未来边缘技术支撑能力包括边缘算力、基础软件、物联协议和数据、南北向接口的标准化，以便于快速推广、部署及便捷运维。

网络更安全。利用通信网络基础成果，构建现场终端与边缘层、平台层、应用层实时交互通道，确保数据安全可靠交互。通过扩大电力无线专网试点及业务应用、进一步优化骨干传输网和数据网，满足数字生产相关专业业务处理实时性和带宽需求，为设备物联提供高可靠、高安全、高带宽的数据传输通道。

4.2.6　智慧变电站

1. 数字赋能的必要性

1）场景定位

我国目前的变电站数量已经超过 4 万座。它们在能源配置、电力保供、环境改善以及提升电网安全水平等方面发挥着至关重要的作用。

实现数字化是变电站发展的必然趋势，智慧变电站的未来角色将不只是单纯的电能转换和分配中心，也将成为能源转换与管理的重要节点。智慧变电站通过更高的灵活性和可拓展性，提升新能源接收和分配能力；通过引入人工智能、物联网等技术，利用更加精准、高效和安全的运行管理，实现设备的自主巡检、故障预警和快速处置等，提高变电站的运行效率和可靠性。智慧变电站所具备的更高的灵活性和可靠性，将有力支撑未来能源结构的变化和新型电力系统的发展需要。

2）面临的挑战

巡检工作量大，仅靠常规巡检难以发现设备潜在问题，设备监控智慧化水平不足，信息共享能力有待提升。随着电网规模快速扩大，传统的人工巡检方式已经无法满足巡检工作量的巨大需求，另外，人工巡检手段针对越来越复杂的变电站场景，难以快速、准确地发现问题，尤其是对一些潜在问题的判别困难。变电站的辅助设备信息未能实现全景监控，且相关系统存在数据孤岛、信息重复录入、多源维护现象，严重影响工作质效。

班组管理仍以人工方式为主，作业管控手段单一，且不够智能。物资清查、盘点、领取、调用，以及统计分析报表仍存在通过手工抄录或表格导入方式进行，严重影响工作效率，降低了数据准确性。变电站作业不够智能，运维管控、综合防误等新技术应用不足，一线人员在落实设备全寿命周期管理、执行运检技术标准、管控设备状态等方面压力较大。

变电站设备运行分析、状态预测仍存在人工信息筛选和研判，主动预警和远程诊断技术能力不足。人工信息筛选过程，工作量繁重，容易错失一些关键信息；基于经验对设备的运行状态进行判断，将导致一些故障漏检，造成重大损失。缺少远程故障诊断与辅助运维技术支撑平台；对于设备运行的潜在风险，难以实现预测和提前预警，事故后处理将导致停机维修等高成本作业的发生。

2. 数字赋能的价值

1）解决方案

构建"感知层—网络层—平台层—应用层"的四层体系，满足数据的采集汇聚、安全传输、多级共享，以及应用的分级部署，深化应用多维感知、数字孪生、人工智能等技术，解决变电站设备管控、现场作业、监控分析等业务信息化建设深度不足问题，赋能基层班组和管理决策。总体架构如图 4-8 所示。

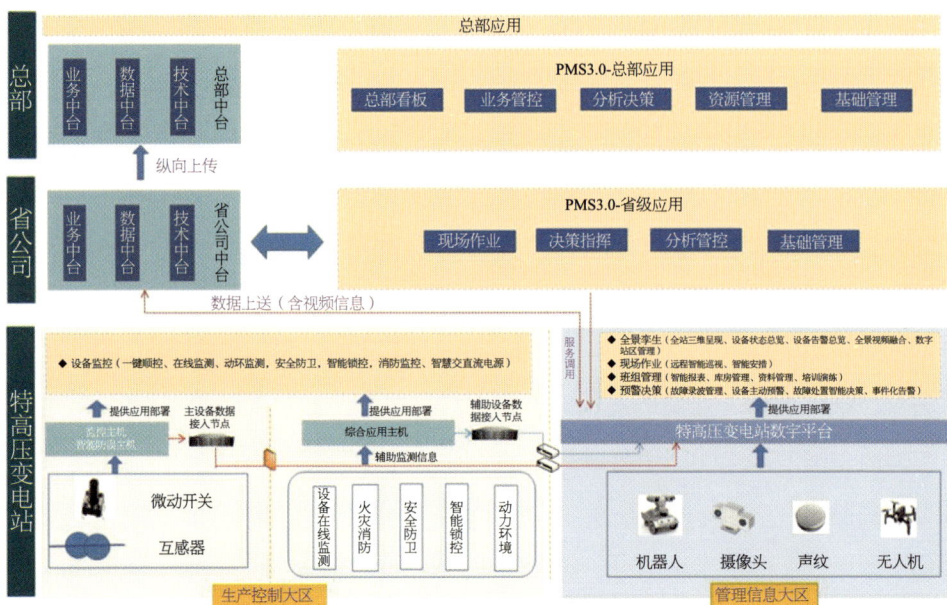

图 4-8　智慧变电站总体架构

感知层实现智慧变电站业务应用的端侧基础数据实时记录、采集，按需存储与传输。将设备感知信息和人员管控信息，包括监控、安防、无人机、机器人、一次设备在线监测、视频、智能穿戴等数据进行实时记录，可在线查看，根据不同业务、不同组织层级的需要匹配数据存储与传输能力。

网络层实现智慧变电站设备感知、电网运行、运维管理等数据传输与交互。同一安全区纵向和不同安全区跨区横向的数据交互边界，符合电力监控系统网络安全防护规定，可实现纵向加密认证、防火墙、单向物理隔离、入侵检测等安全防护功能。

平台层实现智慧变电站数据的汇聚、存储、管理及公共服务等功能。将智慧变电站生产控制大区的实时测量信息、辅助设备监控信息、故障录波信息等通过隔离装置传输至数字化平台，实现全站全景信息的统一存储、资源分配及公共调用服务，并按需上送数据至云端，实现云站协同的数据分层分级处理。

应用层实现站端、省级和总部的分级协同应用。智慧变电站应用基于数字化平台部署,满足本地和远方运维人员的业务和管理需求,根据站端、省级和总部的对业务的不同需求,在保持协同能力条件下,实现按需功能调整,动态拓展高级应用,并通过虚拟化、容器化等技术,提高应用部署的灵活性。

2)实践与成效

特高压站已开展数字化推广建设,在感知方面,通过增加摄像头、在线监测、人员定位等感知设备,完善基础数据采集,推进主辅系统"应接尽接",提升"以设备为中心"的一体化监视能力,完善数据、告警信息三维挂接、数据横纵向比对分析等功能,替代常规系统监视模式。在平台方面,在智慧变电站安全IV区部署数字化平台,汇聚接入全量站内遥信、遥测、事件、视频、图像、巡检记录等数据,实现特高压站生产控制大区和管理信息大区各类数据的全面融合,完成原有系统数据呈现及数据治理工作,实现场景化增强监视。在应用方面,依托数字化平台建设,为各类应用提供数据支撑,并深化应用多维感知、数字孪生、人工智能等技术。在设备数字化方面,提升了主辅设备状态感知和主动预警能力,依托人工智能等技术持续对电力设备开展健康评估、故障诊断、寿命预测等工作并提供科学运检策略。在管理数字化方面,推动了班组数字化转型,加强了作业过程监督管控、设备状态就地研判等应用建设,实现作业管理与技术支撑的数字化转型,优化运维管理模式,提质增效。

3. 趋势展望

未来智慧变电站将进一步聚焦云端算力协同、全站物联网络、移动作业应用等关键技术领域,"增强监视一体化、运维分析自动化、生产管控场景化、检修策略智能化、人工替代规模化、平台应用生态化"等生产模式将成为主要发展方向。数字化技术标准体系建设也将成为支持变电站发展的重要工作,它将规范和指导变电站的系统研发、设备制造、运行检修。

训练变电站专业模型,在云端构建电力设备智算中心。未来,随着人工智能的发展,基于行业需要的专业大模型将在变电站数字化建设中得到更加广泛的应用。电力系统作为一个整体,通过基础大模型训练和针对电力行业的行业大模型训练,为变电站提供更加先进、高效的运行优化和安全管控策略，站端依托智算中心完成大模型的训练，实现站端各类设备的后端算力，包括设备状态评价、故障诊断、数字孪生等轻量化模型分析过程，通过云站算力协同，将有效提升电站设备计算能力。

构建覆盖全站范围的安全可靠、低时延的物联网络系统。物联网技术对于数字电站建设是至关重要的，基于设备的互联互通，产生海量的关于设备的位置、属性和生产核心数据，通过数据价值挖掘为变电站的运行与管控提供基础保障，结合人工智能，将基础数据高价值化，辅助设备运行优化与预警。低时延的全站物联网将打破原有的"烟囱式"物联建设模式，统一接入特高频局放、水浸、铁芯电流、温湿度、数字化表计等各类传感器，同时为手持终端、智能穿戴、无人机等提供高质量无线宽、窄带接入，辅助移动作业平台的稳定运行。

推进移动作业应用部署，规范作业流程，提高业务处置效率。基于全站WAPI无线网络，推进应用向移动端延伸，强化现场作业管控实用化运用，支撑现场作业标准化和智能化管控，贯通数字化平台数据链路，实现移动端关键数据全面监测、异常告警智能提醒、检修建议会诊推送。通过移动端与云端的协同，进一步提高业务处理效率。一方面，将轻量化关键数据反馈到云端，在云端进行上级判断和决策；另一方面，对于算力要求较大的业务，可以将清洗后数据流传回云端，利用云端集群硬件和大模型软件进行运算分析，以此获得的决策指令将指导边端移动作业。

随着智能巡视中的图像识别和故障辨识、主辅设备状态感知中的趋势分析和主动预警、设备数字孪生中的多维可视等技术的推广应用，对智慧变电站的算力与存力需求将持续增长。

4.2.7 配电物联网

1. 数字赋能的必要性

1）场景定位

配电网是直接面向终端用户的关键环节。2022年，我国工业、公共建筑和商业楼宇用电占比超过 70%，供电造成的二氧化碳排放量占比达 40%。提升配电网的管理和技术水平，支撑电网"最后一公里"供电服务，既是坚持"以人民为中心"的发展思想，也是促进清洁能源转型，推动"双碳"战略实施的重要抓手。面对配电网日益提高的管控精益化、智能化需求，如何通过配电网数字化解决实际需求，是新型电力系统中需要研究的关键问题。

物理电网数字化将成为配电网必然的发展态势。传统的配电网及其接入的电气设备已与各行业通过电力供求关系建立了物理上的链接，但尚未融合信息和通信技术，相互联系是单向的。2024 年 2 月，国家发改委、能源局出台《关于新形势下配电网高质量发展的指导意见》，提出到 2025 年，配电网网架结构更加坚强清晰，具备 5 亿千瓦左右分布式新能源、1200 万台左右充电桩接入能力，有源配电网与大电网兼容并蓄，配电网数字化转型全面推进。到 2030 年，基本完成配电网柔性化、智能化、数字化转型，实现主配微网多级协同、海量资源聚合互动、多元用户即插即用。在此背景下，传统配电设备信息弱耦合模式将面临颠覆性的变革。我国配电网网架结构复杂，设备种类与数量众多，分布范围广，通过用好用活智能终端数据，建设全域物联网作为终端统一入口、建设具备实时 / 准实时能力的生产运行支持系统，实现数据分析应用能力的强化，支撑业务管理提升，逐步实现配电网"运行透明、资产透明、作业透明"的目标，具有至关重要的意义。

2）面临的挑战

配电网设备多元化、电力电子化的发展对数字化转型提出了更高的要求。随着电网规模快速扩张，配电网的覆盖范围逐步扩大，接入的新型源网荷储设备愈发多元化，配电网的安全可靠运行面临巨大的挑战。截至 2024 年底，全国分布式光伏发电累计装机达到 3.7 亿 kW，是 2013 年底的 121 倍，占全部光伏发电装机的 42%。预计到 2060 年，负荷侧电力电子化程度将达 95% 以上。总体看来，国内配电网基础设施建设取得了阶段性进展与成效，但发展不平衡不充分的问题仍然存在。在东部发达城市和西部部分自动化、智能化程度较高的区域，呈现出"中压基本透明、低压试点透明"的特点，但与配电网全面运行感知仍存在较大差距。

配电数字化设备规模化不足，数字生产力发挥不充分。配电数字化设备设计缺乏统一标准，导致配电数字化设备设计大量采用示范化、定制化模式，以配电智能终端为代表的数字化设备缺乏标准化接口，推广、复用存在困难，成本较高，造成数字化设备规模化不足的问题，难以充分发挥配电网数字生产力。

配电数字化设计配置和建设方案对运行痛点问题解决的针对性不强。配电数字化规划阶段在经济性、有效性设计方面欠缺统筹考虑，应用场景的差异化策略不充分，难以全面发挥数字化应用潜力，数字信息价值挖掘不足，投入产出效益不理想。

配电数字化基础管理亟须提升，数字化水平与精益管控需求不匹配。配电网数字化发展不平衡不充分问题突出，特别是数字化典型应用，如配电拓扑可视化水平在东西部地区、城镇与乡村发展差距较大，西部及乡村地区覆盖率、管理水平较低，然而长供电半径、高比例分布式接入等问题导致上述地区配电精益管理需求更为突出，需求与现状间存在严重的匹配矛盾。

配电数字化作业管理支持不足。现有配电数字化技术对于低压停电等作业需求无法精准感知和统计分析，导致低压计划作业、故障抢修工作等安全保障与监督管理存在盲区。作为配电数字化的重要应用，配电作业管理如何实现数字化提升有待关键突破。

配电数字化数据供给和融合应用需要提升。基层获取数据链路长、延时长，对停电研判等实时性要求较强的应用场景无法满足运行要求。停电研判等数字化应用缺乏对多源数据的融合分析能力，需要运行人员切换多个系统进行判断，精确性和实时性难以保证。

2. 数字赋能的价值

1）解决方案

基于先进测量手段的配电全景感知体系。以"变电站 10（20）千伏站内开关一级拓扑到末端用户表计"全链路为对象，配电数字化感知由配电物联终端、配电智能网关、专用网络构成，承担着设备识别、数据采集以及信息传输任务，用于实现设备状态数据实时采集。基于终端用户数据，实现非介入式的用户用电模式、新能源发电特征、配电台区源荷类型与构成比例分析等目标。

基于先进互联传输及数据计算技术的配电物联平台。平台层由企业级中台（设备中心）、全域物联网提供服务，实现设备台图统一管理和海量数据标准化接入，支撑终端数据向数据中心的秒级汇聚，终端设备数字化及数据融合共享。

基于先进数据驱动建模与控制技术的配电数字化应用。应用层以生产运行支持系统为核心，围绕业务场景，采用智能算法对数据进行综合分析研判，实现对内业务赋能、对外服务支撑，稳步提升配电网安全水平和供电服务质量。基于智能电表、配电终端、馈线开关数据，实现数据驱动的中低压配电网全景建模与态势感知，实现不完整图模的自适应辨识，支撑源网荷储协同的频率/电压主动支撑控制，满足配电网多元灵活资源的低碳调度。

如图 4-9 所示为配电物联网架构。

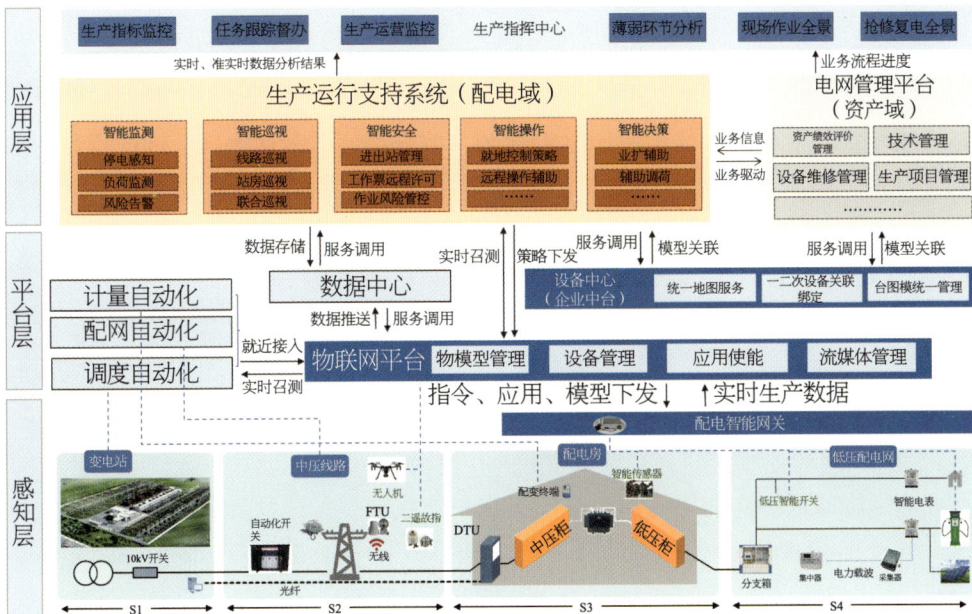

图 4-9　配电物联网架构

2）实践与成效

国内多个配电网基于数字技术建立新一代智能化运维体系，形成最小化人工运维模式，全面提高作业和管理效率，开展中低压配电网区域性一体化联合巡检，针对架空线路、电缆通道、智能站房的联合巡视任务，实现"一键下达、一线贯通"。国网新疆电力有限公司在乌鲁木齐建成的全国首个数字化新型低压配电网，可实现对配电台区、低压分支线到负荷末端的全域感知，区域内平均故障停电时长由原来的 6~10 小时下降至 3 秒，大幅提升供电可靠性，解决低压故障排查难、恢复供电耗时长等问题。

随着国内配电台区侧智能网关全面推广应用，可实现各类配电物联终端设备数据的统一采集与统一接入。例如，国网天津武清供电公司累计建档计量箱 14 万余个、关联电能表 23 万余块，建档率达 34%，将计量箱安装位置、箱内设备、箱表关系、设备图像等数据信息清晰准确地录入营销现场作业平台，能够为一线工作人员开展用户服务、故障抢修等工作提供有力的技术支撑，提升用户用电体验。

3.趋势展望

配电智能网关的推广应用。基于物联网平台，研发及试点应用支撑云、边、端协同及智慧应用的融合型配电智能网关。提升智能电表、集中器等计量装置的数据采集及智能处理能力，优化完善计量装置技术规范，进一步推动计量装置与配电智能网关的融合。统一智能网关配套与感知终端通信的数据规范及接口标准，实现终端标准化统一接入和能力共享开放，实现即插即用及网络边缘智能。强化安全防护、数据采集及边缘计算能力，实现生产运行所需数据安全、便捷、准确、可靠获取，进一步推动跨专业数据就地融合、集成共享，促进生产运行提质增效。

全域物联网平台的协同建设。建设统一物联网平台，具备大规模终端统一标准化接入和管理能力；支撑终端数据向数据中心的秒级汇聚，物联网平台与数据中心和电网数字化平台形成有机整体；基于电网统一数据模型，实现终端设备数字化及数据融合共享；建立终端安全可信接入体系，支撑物联网平台的安全有效运转和应用。

配电智能化运维的推行。基于智能配电网数据全域感知共享和设备状态体系评价，实现设备风险评价和差异化运维策略系统自动生成，实现运维检修向主动差异化运维转变；优化停电研判规则，将故障研判能力向低压延伸，实现低压总分路、户表停电主动告警，支撑从用户报障抢修向主动抢修转型。全面推广使用无人机、巡视机器人等智能装备，构建立体巡检体系，大力推进自动巡视及数据融合，提升巡视及维护效率；深化检修机器人、机械臂、带电作业机器人等作业装备的应用，试点取代人工开展高危险性、高劳动强度作业，逐步提升检修效率。基于"一张图"开展故障抢修资源可视化，实现极端天气下故障抢修资源合理调度。

4.2.8 分布式能源智能管控

1. 数字赋能的必要性

1）场景定位

2021 年，国家能源局印发了《关于报送整县（市、区）屋顶分布式光伏开发试点方案的通知》，要求分布式光伏"宜建尽建"与"应接尽接"。2024 年 2 月，国家发改委、能源局出台《关于新形势下配电网高质量发展的指导意见》，提出到2025 年，配电网网架结构更加坚强清晰，具备 5 亿 kW 左右分布式新能源。

在新型电力系统中，分布式光伏将作为清洁电源发挥巨大作用。分布式光伏以用户、负荷为中心发展，能源清洁可再生，可小型化、模块化部署，在提高能源利用的经济性的同时，降低了用户对大电网的依赖，并可结合电力市场信号与储能配置，增加电力系统灵活性。数字化技术助力分布式光伏从光储独立配置向内生融合转变，从搭顺风车向主动支撑转变，从单打独斗、物理集群向场站一体、类似常规转变，从"并网"向"组网"转变。

2）面临的挑战

上级电网调峰困难。部分地区反向重过载问题严重，部分时段低压电网功率反送问题已逐渐辐射影响至上级电网，甚至出现火电机组出力压至最低、集中式新能源全停为分布式光伏让路的现象。同时国内储能调峰政策滞后盈利困难，导致配电侧储能配置容量与分布式光伏容量存在较大差距，亟须补强配电网的有功功率调节能力。例如，山东蒙阴县电网 2020 年共有 193 天出现负荷倒送情况，全网最大日倒送负荷达 12 万 kW。

存在大范围光伏脱网风险。国内现行标准对低压分布式光伏不要求其具备低电压穿越能力，光伏并网点距离配变较远、低压线路阻抗大，光伏发电易产生日间并网点过电压，当发生电压陡降时将会存在大规模脱网风险。例如，山东临沂 2022 年光伏出力占全网用电最大比例达到 57.1%，一旦发生系统电压异常，分布式光伏大规模脱网将进一步恶化系统环境，引发大面积停电。

难以统一调控、维护，电能质量较差。低压分布式光伏存在点多面广的分布特性，调度对象的控制响应特性和通信方式复杂，统一精准调控困难。易对电网造成谐波污染，引起电压波动或闪变，双向潮流导致电压变化增大，由于分布式光伏的波动性和随机性，电网频率、有功调节需要考虑配网分布式电源影响。分布式光伏能源系统设备种类繁多，生命周期参差不齐，海量分布式光伏系统、设备的统一管理维护充满挑战。

2. 数字赋能的价值

依托数字化先进手段，推进源网荷储协同控制，促进分布式光伏消纳。近期基于用采主站打造分布式光伏"可观、可测"体系，基于配自云主站打造分布式光伏"可调、可控"体系；远期基于全域能量管控平台，以融合终端为核心边缘设备实现分布式光伏状态实时监控和分层分级调控。

针对低压分布式光伏，持续推动新型智能融合终端和集中器的部署。实现营配本地全交互，充分发挥集中器和智能表计已经规模化部署和南向通信网稳定可靠的优势，以"用采主站—集中器"汇聚海量光伏设备的运行数据，构建以用采主站为主的数据观测体系。

构建以配电自动化主站为主的分布式光伏调控体系。充分发挥配自主站对配用电设备运行属性和实时信息的感知能力，以"配自云主站—融合终端"开展光伏设备的调控，在边缘侧以融合终端直采直控光伏设备或以集中器透传光伏设备信息至融合终端的方式实现对末端光伏智能断路器或光伏逆变器的刚柔调控。

以云管边端架构体系实现分布式光伏"可观、可测、可调、可控"。打通运营商云平台向内网的数据传输通道,实现对内网采集数据的校核补充。综合企业级实时量测中心和电网资源业务中台构建多维多态"电网一张图",打造配电网全域能量管控平台,支撑开展中低压分布式光伏功率预测、智能运维、可开放容量计算、源网荷储协同优化等高级应用。

如图 4-10 所示为分布式光伏调控架构体系。

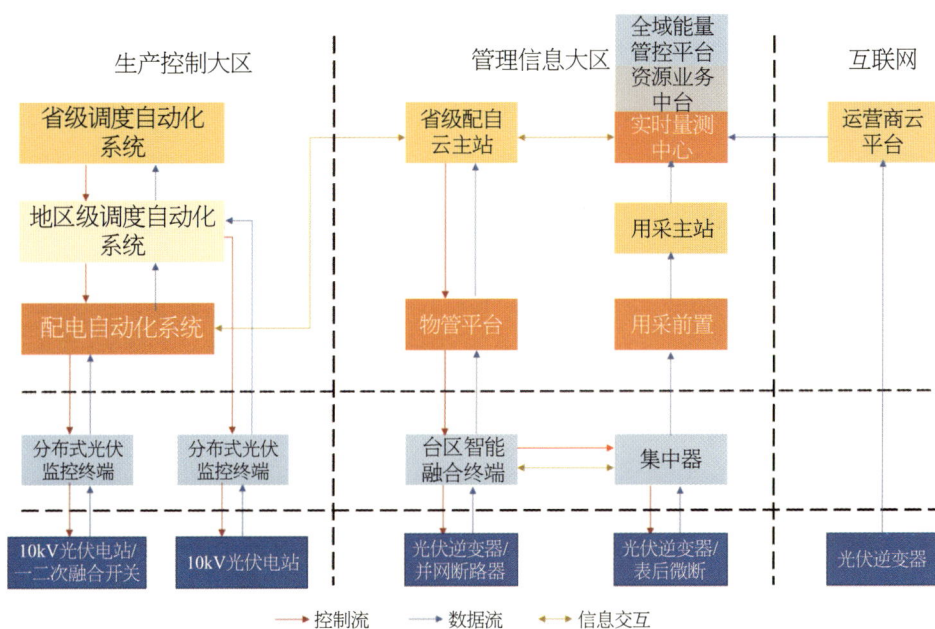

图 4-10　分布式光伏调控架构体系

3. 趋势展望

未来分布式光伏将实现与分布式储能的结合,以微电网的形式与大电网并网,并为大电网提供柔性调节能力。具体包括如下几方面:

低成本、低功率物联芯片与传感器。加强分布式光伏可观、可控关键能力建设,时刻记录设备位置、属性与生产关键信息。统一协议的操作系统,与硬件解耦,通过多源异构数据融合实现不同设备的互联互通。

5G 专网结合人工智能云平台。5G 专网与移动互联网结合打造高可靠、高效率、高安全的通信环境。基于人工智能的云平台服务海量数据处理与复杂业务运行，提供智能决策模型，并通过云端的丰富算力，提供高效快速的计算响应能力。

边缘智能计算与感知。融合智能感知与边缘计算的新型分布式光伏逆变器，主动感知并抑制电网的波动；辅助靠前数据治理与业务安全以及快速决策。开放的数据生态与应用为分布式能源的大区域发展打下基础。智能传感、边缘计算、安全可信传输技术可支撑分布式光伏进行优化控制与故障预警。

采用分布式光伏特征动态聚类和气象数据增强技术，构建多层级智能功率预测模型库广域分布式光伏运行调控平台，实现百万数量级分布式光伏并发接入的秒级决策。

4.2.9　虚拟电厂

1.数字赋能的必要性

1）场景定位

随着"双碳"战略纵深推进和新型电力系统建设提速，新能源占比大幅提升，要求电力系统具备更高的调峰调频能力以及对电源系统的灵活调控能力。《"十四五"现代能源体系规划》提出目标：到 2025 年，灵活调节电源占比达到 24% 左右，电力需求侧响应能力达到最大用电负荷的 3%~5%。

虚拟电厂利用先进的信息通信技术和软件系统，实现常规电源与分布式电源、储能系统、可控负荷、电动汽车等资源的聚合和协调优化，成为增强新型电力系统调节灵活性的关键技术载体和有效手段。在电力负荷高峰时段，虚拟电厂作为正电厂削减负荷配合系统削峰，有效削减聚合资源功率；在电力负荷低谷时段，虚拟电厂作为负电厂加大负荷消纳配合系统填谷，大幅增加聚合资源功率。此外，虚拟电厂亦参与电力市场和电网运行的协调管理系统，推动电源结构和布局优化。

2）面临的挑战

虚拟电厂对各业务互动过程的通信时延性、可靠性等要求较高。虚拟电厂依赖通信系统对各类资源进行调节控制，其通信网络应具备统一灵活接入能力、集中控制调度能力和端到端的时延控制能力。当前虚拟电厂业务的通信网络面临诸多挑战：一是有线、无线、公网、专网等异构网络互联，制约业务质量控制及网络调度；二是终端接入规模、接入范围及数据与电网业务系统的互动频次都远超传统的用电信息采集业务范围；三是可控负荷的多样性对通信的实时性、可靠性提出了更高的要求。

关键核心设备无法自主可控，难以满足网络安全防护要求。在安全芯片方面，目前国内安全芯片的研发及应用与日益发展的虚拟电厂需求不匹配，缺乏满足虚拟电厂海量终端轻量化使用需求的国产自主可控安全加密芯片。在安全防护装置方面，由于安全防护装置属于硬加密方式，安全性要求较高，但当前产品种类繁多，各厂家设备差异较大，未形成统一标准，同时设备成本偏高，不利于大规模推广应用。

缺乏满足含海量分布式资源安全低碳运行优化的调控技术。向上与区域统一电力市场对接，发挥海量分布式资源的调节能力，灵活支撑新型电力系统；向下聚合海量多元异构分布式灵活性资源，促进绿色低碳发展；对内需保证其安全可靠、经济运行，满足日益提升的用电需求。然而，现有虚拟电厂资源聚合和优化调控相关研究较为简单，模型准确性、高效性有待提高，且优化调控单纯采用经济性指标，并未全方位考虑碳排放、线路阻塞和电压安全等约束。

2. 数字赋能的价值

1）解决方案

通过物联网"云管边端"数字化架构替代传统的"终端—应用"模式，实现虚拟电厂平台功能开发与集成，解决分布式资源存在的总体数量多、单点容量小、特性异、空间分散、集中调控信息接入成本高、云端计算"维数灾难"等难题，实现分布式资源各级调度协同优化利用。

在云端，基于云平台部署搭建，实现系统的弹性扩展和组件化应用安装；基于云端数据中台，海量多元设备互联互通、统一管理，实现高并发数据接入和百万级消息并发处理。

在应用端，通过紧急调控、优化调度算法，完成资源运行调控指令优化计算，并与电网调度平台和电网资源平台集成，打通主网与配网的全网调度关系，对资源进行地区、断面、厂站、线路维度精细化出清调控。

在管侧，采用 4G/5G 网络数据传输，利用 5G 低时延特性和切片技术，解决数据传输慢、数据传输频率低等问题，保障数据高效传输，稳定通信链路。

在端侧，通过用户自安装智能终端表计，实现对用户数据采集的无感感知和精确调控，满足虚拟电厂资源数据的基础采集和控制执行。

如图 4-11 所示为"云管边端"协同的虚拟电厂技术架构。

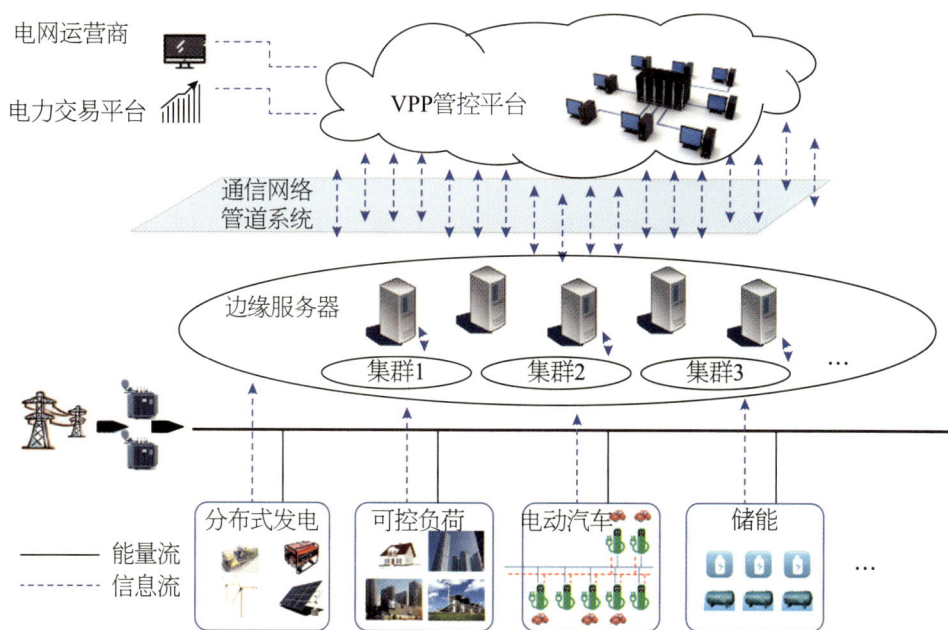

图 4-11　"云管边端"协同的虚拟电厂技术架构

2）实践与成效

2022 年 8 月 26 日，在深圳市政府及南方电网的大力支持下，深圳虚拟电厂管理中心挂牌成立，率先探索了虚拟电厂可持续发展路径，搭建虚拟电厂高级应用云平台，攻关虚拟电厂负荷接入终端难点，实现分布式资源的集中协调控制、有效聚合源网荷储广域可调资源。同时，以海量分布式灵活资源调节能力，打通上下游业务链，构建虚拟电厂产业生态圈，打造全国首个网地一体的虚拟电厂应用标杆。①建成国内首个基于网级调控云部署、可接受新一代主配一体化 OCS 系统网省两级调度中心直接调度的网地一体化虚拟电厂管理云平台。②行业内首创通过 APN 4G/5G 无线专网方式，实现海量互联网资源接入调度的安全防护，打通负荷侧资源首次参与电网调度的业务流程，攻克不同系统交互的网络安防难题，解决系统部署在南网调度云的兼容性等关键性问题，实现虚拟电厂南网总调云部署，相比常规电厂的光纤接入可降低 20% 成本。③采用分布式、云计算和微服务技术，开发了"源—网"互动虚拟电厂智慧调度运行与优化管理一体化平台，具有百万级设备的长连接能力、百万级并发处理能力。具有小程序移动端功能，为电力用户提供便捷访问方式，提高用户参与度和活跃度。④基于核心自主可控安全芯片，研制了适应负荷聚合商平台、用户等接入虚拟电厂的安全加密模组，实现海量终端的身份认证、数据加密和安全接入，防止从用户侧运营管理平台发起的网络攻击，面向电网调度中心的直控型用户终端，解决优质直控型资源直接接入的问题，满足一次调频、APC（自动功率控制）等高频交互需求。

截至 2023 年底，虚拟电厂运营管理云平台累计接入分布式资源超 280 万 kW，调节能力超 60 万 kW；2023 年累计调节电量约 128.5 万 kW 时，直接减少碳排放约 1074.3t，并带动培育 90 余家虚拟电厂运营商，虚拟电厂产业链初步形成。2024 年深圳虚拟电厂管理平台新增接入容量 125 万 kW，同比增长 49%；实时最大可调能力达 100 万 kW，同比增长 100%。2023 年 11 月，深圳虚拟电厂参与南方区域跨省电力备用辅助服务市场，与网内其他常规电源发电主体同台竞价，这是国内首次实现第三方独立主体参与跨省电力资源调配市场竞价。

3. 趋势展望

虚拟电厂逐步面向更多元化的应用场景，所管辖、调度的资源设备将呈现爆发式增长，在优化运行、市场交易等方面也将带来更多的不确定性。同时，数据挖掘、人工智能、云计算、物联网、5G 通信等数字技术也将更多应用于虚拟电厂领域，解决包括大量分布式资源带来的数据膨胀、大规模数据传输、超大规模网络的协同控制等问题。

信息通信方面，持续加强虚拟电厂即时通信能力。虚拟电厂数据中心对海量电网运行数据的调用以及对实时数据的接收，都需要依托高安全、高可靠、大带宽、低时延的通信网络来实现。新一代光通信技术抗干扰能力强、50μs 级故障恢复速度快、单纤容量大、支持远距离传输，将成为未来数字化电网的最佳通信载体，确保虚拟电厂调控的快速响应和快速执行。

协调控制方面，强化虚拟电厂人工智能（AI）应用。大规模间歇性、波动性出力的新能源发电设备并网后，电力调度需要处理的数据量呈指数增长趋势，通过建设大型或超大型数据中心为海量电网运行数据提供稳定存储、高性能计算、精准分析等支撑。推动"电力 + 算力"融合，发挥 AI 深度学习、模型训练、图像处理等技术应用，对可调电源出力精准预测、科学调度。

虚拟电厂参与市场交易、电网运行，实现电网精准削峰填谷、备用等业务，具有短期业务数量大、业务并发率高、业务跨区域广和负载波动大的特点。表 4-2 总结了虚拟电厂各业务对通信带宽、时延、可靠性的技术需求。

表 4-2　虚拟电厂各业务通信技术需求

业务	宽带	时延	可靠性
调频	不低于 20Mbps	<50ms	一次调频 99.999%；二次调频 99.99%
调峰		<1s	99.99%
紧急需求响应		<50ms	99.999%
常态需求响应		500~1100ms	99.999%
清洁能源消纳		<3s	99.99%
电力市场交易		<10s	99.99%

4.2.10　综合能源服务

1. 数字赋能的必要性

1）场景定位

加快构建现代能源体系、推动能源高质量发展，是保障国家能源安全，深入践行"碳达峰、碳中和"战略的重要支撑。《中华人民共和国国民经济和社会发展第十四个五年规划和 2035 年远景目标纲要》、国家发展改革委、国家能源局印发的《"十四五"现代能源体系规划》等文件指出，综合能源系统是支撑能源产业升级、支持新模式新业态发展的重要组成部分。构建综合能源服务系统的重要意义如下：一是有效提高能源综合利用效率，通过电、气、冷/热等多种不同形式能源的供应系统在生产和消费等环节的协调规划和运行，综合能源系统可以实现能源的梯级利用；二是促进可再生能源的开发利用，综合能源系统可以充分利用多种能源的时空耦合特性和互补替代性，弥补可再生能源明显具有的间歇性和随机波动性等问题；三是有效提升用户能源供应的安全可靠性，以供电为核心，电、气、冷/热等供能系统本身存在紧密的耦合关联，通过多个供能系统的协调规划和运行，可以避免单纯加大某一供能系统投入提高用户用能安全系数与自愈能力带来的高投资、低回报等弊端。

2）面临的挑战

近年来，传统综合能源服务的发展与预期存在一定落差，除医院和办公楼的能源费用托管等部分场景有一定突破外，综合能源服务并未在整体行业形成可复制的典型场景或商业模式，整体业务复制推广难度大。同时，除某些综合能源项目本身的智能化（如自动控制、少人值守、智慧运维等）方面有一定进展外，平台化的综合服务模式尚在研究阶段。究其原因，传统综合能源服务模式主要存在以下不足之处：

首先，传统能源服务缺乏数据共享和整合，各能源形式往往拥有自己的数据系统和平台，且互不相连，导致能源数据的孤岛化现象普遍存在，限制了综合能源服务多能互补的调控能力。其次，由于能源系统初期建设缺乏统一的规划和管理机制，运营期间缺乏有效的管理手段，导致能源的分配和利用存在浪费和不合理的情况。低效的能源运营和管理增加了能源成本，也影响了能源服务的质量和效率。再次，随着能源系统的复杂化和多样化，对能源的监控和控制变得越来越困难。传统的监控手段和技术已经无法满足当前的需求，需要引入新的技术和方法来提高监控和控制的能力。最后，在传统能源服务中，往往缺乏对能源的精细化管理，导致能源浪费。需要采用更科学的管理手段对各个环节进行精细化的管理，以提高能源利用效率、降低用能成本和管理难度。

2. 数字赋能的价值

1）解决方案

设计阶段可基于前期数据及现场环境情况采用工具软件进行综合能源类项目的方案规划，项目运行过程可以通过实时数据采集和分析、智能控制和决策支持等手段，提高能源系统的运行效率、安全性和环境友好性。同时，建立一个面向社会的综合能源厂商、产品及解决方案的聚合平台可对综合能源服务推广与发展起到积极的推动作用。

如图 4-12 所示为综合能源规划设计工具典型架构，图 4-13 所示为数字化综合能源物理层典型整体架构。

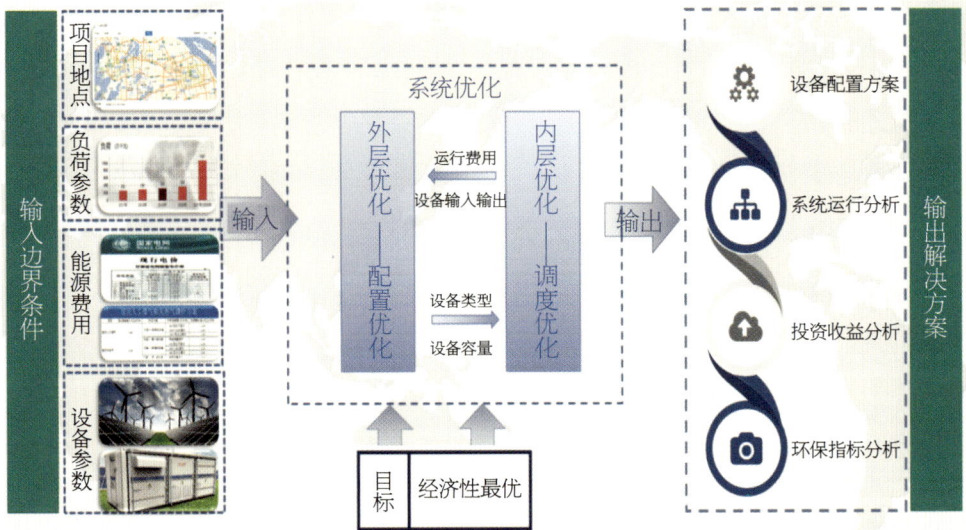

图 4-12　综合能源规划设计工具典型架构

综合能源规划设计工具需具备对光伏、风电等新能源出力的预测能力，对用能场景冷热电等多种能源负荷进行精确计算能力，具有丰富的支撑数据库资源（包括自然资源库、设备参数库、市场价格库等）和实现多目标优化的算法模型。所有计算结果可按全年 8760h 逐时展示，为综合能源项目规划设计提供数据支撑。

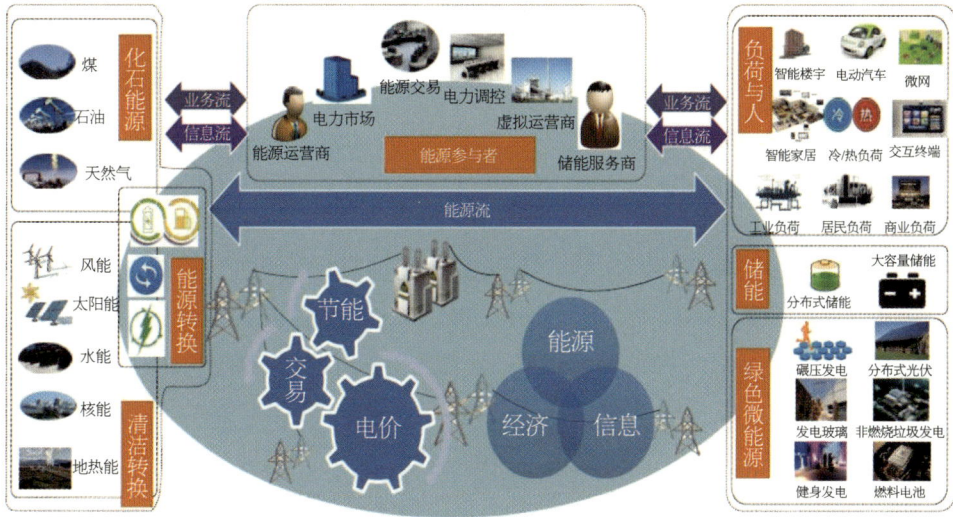

图 4-13 数字化综合能源物理层典型整体架构

以建设区内市政电网为网络枢纽，连接能源生产和能源消费。通过先进信息、通信、大数据、人工智能、互联网技术的深度融合，建设发、输、配、用、储等环节的互联互通、全息感知、高效分析、智能控制、灵活共享的泛在电力物联网，实现能源供需的实时匹配、安全经济、智能响应、高效服务。

2）实践与成效

如图 4-14 所示的楼宇用能优化 CPS 系统（CPS，Cyber-Physical Systems，信息物理系统）在江苏、福建、重庆、湖南、湖北、辽宁、甘肃、新疆等多个省市得到了推广，落地项目百余个。自 2020 年以来，国网（北京）综合能源规划设计研究院累计完成楼宇用能优化项目 2386 项，年节约电量约 4.7 亿 kW·h，减碳 28.7 万 t。参与重庆、天津、福建等多省市电力保供，将楼宇空调接入柔性负荷系统，实现了省级中央空调的"统一管理"和"统一调控"。其中，泉州滨海医院中央空调机房整体节能率达 43.67%，每年可节省电量 78 万 kW·h；舟山临城 35kV 变电站、城北 35kV 变电站空调系统节能率分别为 44.25% 和 53.58%，每年可节省电量 7.88 万 kW·h；莆田移动基站空调系统平均节能率为 21.87%，每年可节省电量 2.5 万 kW·h。

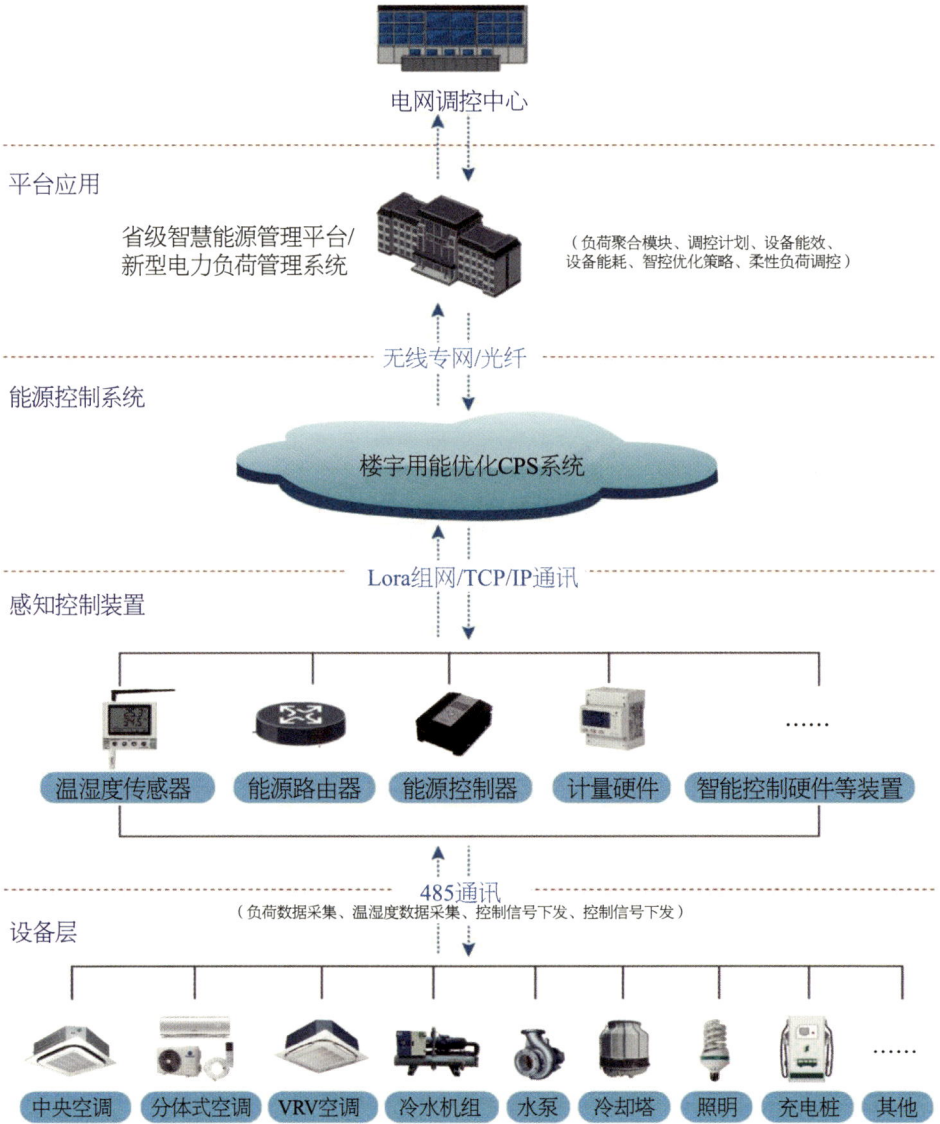

图 4-14　CPS 成品流程图

3. 趋势展望

能源数据采集系统高速发展。为应对新型电力系统建设中产生的海量数据采集需求，实时、准确地收集各种能源设备的运行数据，采集系统和基础传感器等技术将进一步提升数据采集和传输性能，实现云边协同的分布式数据处理上报能力。

集中式管理策略和分布式就地调度相结合。为解决智能电网中数量庞大的分布式资源及微网调度管理的难题，可利用数字化手段建立分布式的能源管控平台，采用集中管理和就地调度的方式，提升电网整体可靠性，优化电力系统运行方式。

管理策略与能源市场互动。在这种模式下，电力系统和能源市场的运行不再是孤立的。电力系统侧借助数字化手段精准预测电源和负荷的发用电情况，市场侧借助数字化手段评估用电需求，以数据偏差为依据优化电力系统运行状态，形成电力系统与电力市场（电力现货市场、辅助服务市场等）的双边互动。

信息安全与隐私保护加强。随着综合能源服务数字化的发展，对于信息安全和隐私保护的需求也越来越重要。未来的发展趋势将会加强对能源数据的安全存储、传输和使用，确保用户个人信息和商业数据的安全。

4.2.11 车网互动

1.数字赋能的必要性

1）场景定位

车网互动是指电动汽车通过充放电装置与公共电网、微电网等相连，将动力电池作为移动储能或可调节负荷参与电网运行，实现电动汽车与电网间的能量流、信息流双向互动。车网互动主要包括智能有序充电、V2G 双向充放电、辅助服务和需求侧响应等形式。

以智能有序充电为例，智能有序充电是指在满足电动汽车出行时间和电能需求的前提下，运用经济措施和智能控制方式，调节电动汽车充电时序与功率。通过电动汽车智能有序充电，可以在不扩容情况下大幅提升充电桩接入数量。而无序充电缺乏智能充放电控制，容易与社会用电高峰重叠，尤其居住区无序充电，其充电峰值负荷与居住区用电峰值负荷重叠度超 80%，如天津居住区私人充电负荷与居民用电峰值负荷的重叠率约为 93.6%，影响了充电桩台区接入数量。同时，在已经执行居住区充电峰谷分时电价省份，由于峰谷转换时段充电负荷出现了阶跃现象，致使出现欠压等影响供电质量的现象。

2）面临的挑战

车网互动受网络安全成本及政策约束较大。针对网络安全，国内目前已出台相关标准，但仍缺少可行的技术方案。若沿用传统电力监控防护方案，套用新能源厂站微型纵向加密装置的安全防护要求，则会给用户侧带来巨大成本负担，操作实施经济可行性低。通过采用软加密措施、加强边界防护、合理划分聚合群组、设置隔离分区等手段，建立适用于车网互动的经济可行的网络安全技术方案是当前迫切需要解决的问题。

车—桩—网尚未实现信息交互共享。电动汽车负荷作为一类智能负荷，车网互动和电动汽车充放电管理也是一套智能化系统，为做到更精细、无感、友好的车网互动，除了必要的算法和算力外，还需要大量的各类数据作为支撑。目前电动汽车与充电基础设施、气象云、交通网、电力网之间未建立数据流通共享机制与平台，尚未实现数据流通、信息互联。

调控精度不足，在线协同能力不完善。调度交易系统在电力调度技术方面，针对电动汽车充放电负荷资源的调控模型研究不健全，存在多维度聚合分析决策计算能力不足、与下级系统互动调节技术规范不完善、信息交互频次低和响应可靠性不足等问题。虽然调度自动化、配网自动化、用采和负控系统均可对源、网、荷、储实现控制，但是在线协同功能尚未完善，可能引发配网侧不同要素由不同系统分别控制、同一要素由不同系统重复控制，以及同一类型数字化系统重复建设等问题。

2. 数字赋能的价值

1）解决方案

智能有序充电包括居住区智能有序充电和大功率智能有序充电两种不同场景。居住区智能有序充电场景按照运营模式分为居住区私人充电和"统建统服"两种模式。居住区私人充电多为随车配桩，以小功率交流慢充为主，资产归属于用户；居住区"统建统服"一般采用"慢充为主，快充为辅"的服务模式，资产归属于充电运营商。居住区智能有序充电场景数字化解决方案应采用云—边—端协同的控制架构，包括云侧（车辆数据平台、电网系统以及运营商系统）、边侧（台区智能充放电边缘控制器）、端侧（有序充电桩）（如图 4-15 所示）。云侧下发用户充电引导方案、有序充电控制指令到边侧，边缘控制装置具备边缘计算和云边协同功能，实时监测台区负荷和同时采集充电桩的信息，生成台区紧急控制策略，向端侧下发本地充放电控制指令。实现有序充电云—边—端协同控制，可有效解决居住区充电需求增长快、台区接入容量不足的问题。

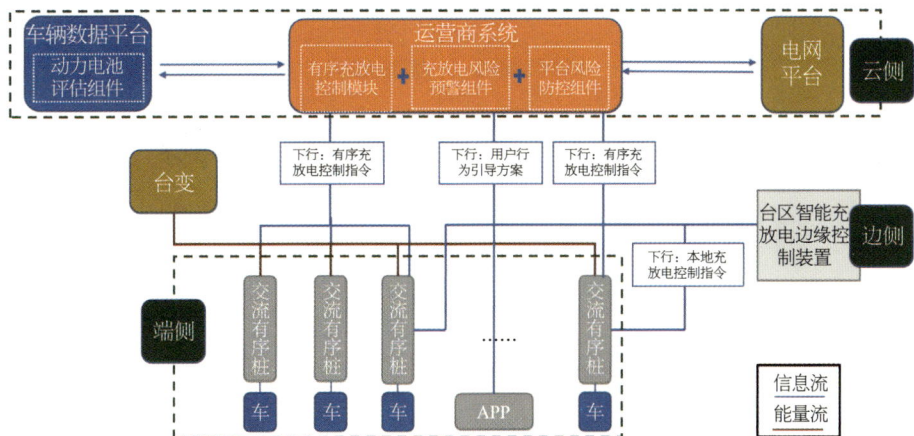

图 4-15　居住区智能有序充电场景技术方案

快充站场景数字化解决方案应采用本地能量管理型云—边—端协同架构，如图 4-16 所示，整体架构包括云侧（车辆数据平台、电网平台以及运营商系统），边侧（台区智能充放电边缘控制器），端侧（直流有序充电桩、光伏逆变器、储能 PCS）。在云侧直接下发有序充电控制指令到边侧，经台区智能充放电边缘控制器综合分析处理后，下发光储充联合削峰策略到端侧，同时接收运营商平台调峰指令、传输站用安全智能交互终端数据，以实现快充站与本地分布式资源协同，解决电网资源利用率低、经济性差的问题。

V2G 双向充放电场景数字化解决方案一般也采用云—边—端协同架构。其主要组成部分为 V2G 平台、V2G 车辆、V2G 充电桩，以有效支撑 V2G 业务开展。其中，V2G 充电桩用于交直流电能变换，使电动汽车与电网实现能量和信息的双向互动；电动汽车需要对 BMS 等软硬件进行升级，使车辆动力电池允许通过充电接口放出电能；V2G 平台提供 V2G 业务信息交互、策略制定和用户应用服务。现阶段，V2G 充放电桩与 V2G 平台主站之间一般通过 4G 进行通信实现接入，用户通过手机端 APP 进行 V2G 应用。

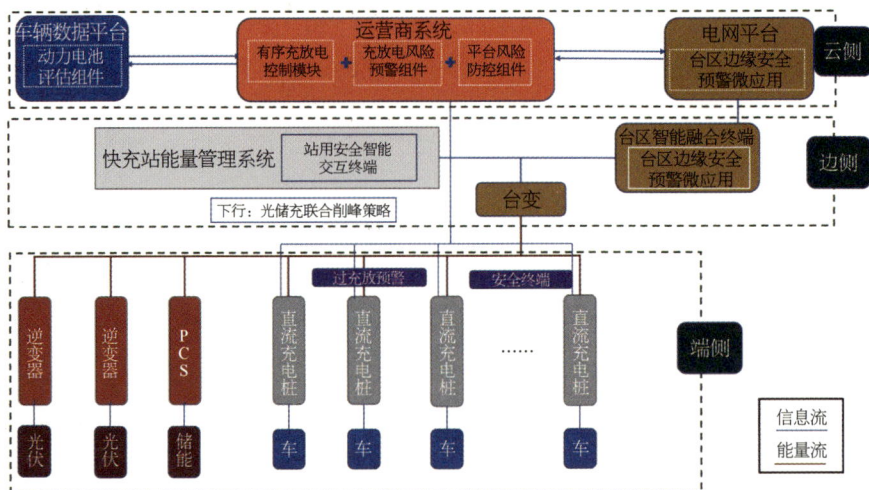

图 4-16　本地管理型快充站技术方案

V2G 充放电时，一般通过 APP 端进行车辆充放电策略配置管理，自定义充放电区起止的 SOC 值、用车时间，平台根据市场（价格）因素制定充放电策略，遵循"谷充峰放"的 V2G 策略进行对充电桩下发充放电计划。

2）实践与成效

以 A 小区为例，在无序充电模式下最多可支持 33 个无控制能力的充电桩；采取智能有序充电技术后，台区负荷峰谷差可降低约 30%，以台区容量 80% 为上限，居住区台区智能有序充电可支持接入 85 个充电桩，大幅提升台区充电桩接入数量，最大化满足居住区私人充电报装需求。

如图 4-17 所示为社区有序充电负荷曲线。

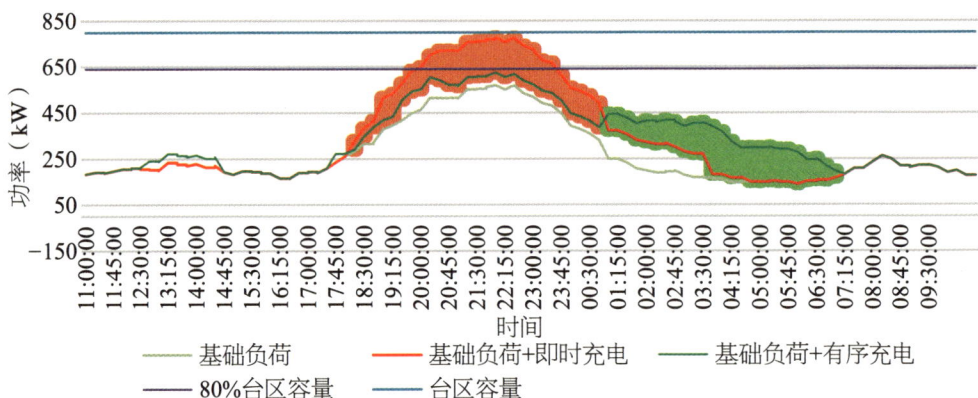

图 4-17　社区有序充电负荷曲线图

3.趋势展望

一是建立充电可信测控体系。研究低成本高可靠性数据采集技术，将充电实时功率等数据信息采集频度由分钟级提升为秒级，满足现货等市场运营的要求；研发适用于车网互动业务的充电可信测控技术，形成技术标准，满足平台数据可信认证与计量结算需求。

二是提升车网互动运营智能水平。研究用户画像和智能运营技术，研发充电负荷与灵活性预测技术，提升大规模电动汽车聚合调控精度与可靠性，实现充电基础设施对电网运行状态的实时感知与智能无感响应，提升用户参与便捷性与满意度。

三是打造车、桩、网智慧融合创新平台。研究多种计算与数据流通技术，研发车网互动大数据流通平台，促进各类数据共建共享与互联互通，实现"车—桩—路—网—能"数据流通和业务协同，推动电动汽车与信息通信融合发展，实现电动汽车与电网能量高效互动，降低电动汽车用电成本，提高电网调峰调频、安全应急等响应能力。

四是实现车网互动标准数字化。建立电动汽车与新能源等产业融合发展的综合标准体系，明确技术接口标准，研发车网互动标准数字化支持工具，开发满足标准数字化模型成熟度3级及以上的产品，实现标准"机器可读"和"机器可执行"，快速引领和支撑车网互动的规模化发展。

4.2.12 算电协同

1.算电协同的必要性

算力是集信息计算力、网络运载力、数据存储力于一体的新型生产力。《智能世界2030》预测：到2030年，AI算力将比2020年增长500倍。数据中心是算力的主要载体，从需求侧来看，数据中心天然对能耗敏感，数据中心电力成本可占运营总成本的60%，数据中心需要感知电力成本的波动，进行算力调度和调优；从供给侧来看，算力是负荷侧响应灵活调节因子，让电力调度算力，实现"光跑电不跑"，是提升新能源"自治消纳"，减轻新能源并网压力的重要途径。

2024 年 7 月，国家发展改革委等部门印发《数据中心绿色低碳发展专项行动计划》提出：到 2025 年底，国家枢纽节点地区各类新增算力占全国新增算力的 60% 以上；算力电力双向协同机制初步形成，国家枢纽节点新建数据中心绿电占比超过 80%。2024 年 7 月 25 日，国家发展改革委、国家能源局、国家数据局联合发布《加快构建新型电力系统行动方案（2024—2027 年）》，提出要实施一批算力与电力协同项目。统筹数据中心发展需求和新能源资源禀赋，科学整合源荷储资源，开展算力、电力基础设施协同规划布局。探索新能源就近供电、聚合交易、就地消纳的"绿电聚合供应"模式。整合调节资源，提升算力与电力协同运行水平，提高数据中心绿电占比，降低电网保障容量需求。

2. 算电协同价值场景

1）负荷特点

算力作为可调度负荷，具有以下三大特点：

（1）算力泛在：AIGC（artificial intelligence generated content，人工智能生成内容）的出现，人人都可创造；移动物联网的普及，万物智联，物物皆可感知。

（2）算力云边端部署：集团侧部署云数据中心，进行集中训练和管理；工厂侧部署边缘算力，进行区域调优和中心推理；车间和站点部署边缘应用，实现端侧管控智能。

（3）算力可灵活调度：算力网络联接云边端算力资源，实现毫秒级快速响应，算力资源可以根据电力供给、业务需求在算力网络覆盖范围内灵活调度。

2）价值场景

算电协同具有以下四大价值场景（见图 4-18）：

（1）算力感知电力（时间维度）：发挥算力资源的时间灵活性，调整算力分布，实现节能降本。数据中心通过对计算任务断电续算和伸缩扩容，改变电力负荷在时间上的分布，从而实现数据中心电力负荷灵活调节。该方案适用于"计算成本敏感、实时性不敏感、计算规模可调"的计算任务，如视频渲染、基因测序等。

（2）算力感知电力（空间维度）：发挥算力资源的空间灵活性，跨区调度计算任务，实现电价成本最优。以谷歌公司为例，基于碳智能计算平台，对电网碳密集型能源依赖程度进行日前预测，测定不同区域每小时无碳能源可用性，进而在全球不同区域的数据中心之间"转移计算"任务，从而达到数据中心降碳目的。

（3）算力促进电力：在大型风光基地，算力与"风光储网"资源充分融合，促进新能源本地消纳，加快产业转型升级。"源网储荷"相互配合，将更多的绿色电力转换为绿色算力，吸引算力上下游产业增加本地投资，加快西部地区产业转型升级。

（4）算力融合电力：边缘算力与"分布式新能源"融合，形成一个个"算力牧场"，实现区域绿能自治消纳。未来，有绿电的地方就会有绿色算力。算力将成为城市公共基础设施的一部分，通过算力入户、算力入企、算力入校、算力入园等方式，为全社会生产生活提供普惠、易用、低价、绿色、安全的公共计算服务，最终形成城市算力一张网。

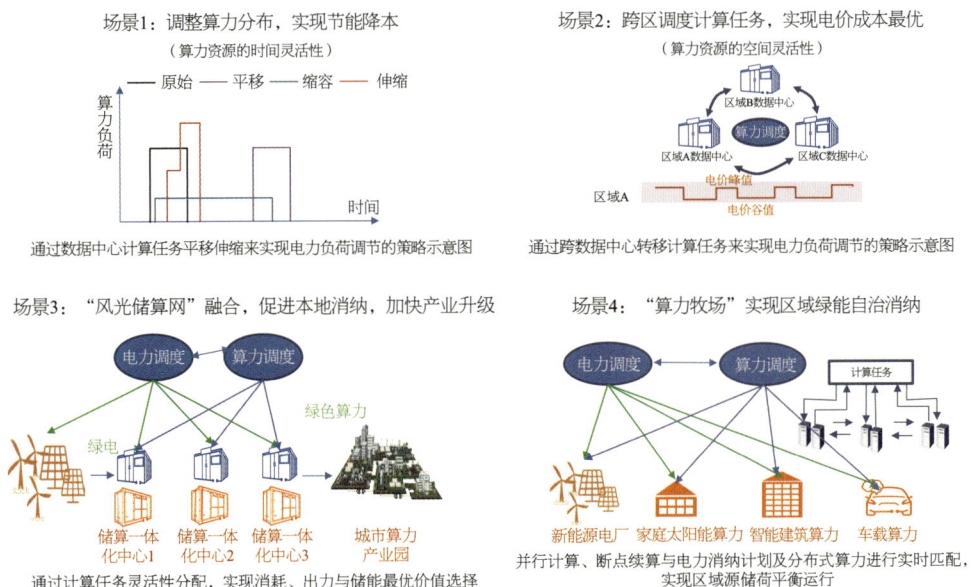

图 4-18　算电协同四大价值场景

3）实现路径

算电协同，需要算力与电力进行体系性协同。控制协同构建"大脑"，实现算力电力协同调度，"光跑电不跑"；网络协同构建"躯干"，实现算网电网相互融合，"有绿电的地方就有算力"；感知协同构建"神经"，实现电能算能智能管控，"度量每一度电，每一束光"。

（1）电力、算力协同调度，打造电算协同的调度中心。将算力按照"实时性、成本敏感度"等维度进行分类，制定相应的调度策略；开发电力算力协同调度大模型，输出电力调度计划和计算任务调度计划，支撑分析决策；建立算力电力协同市场机制，激发算力电力协同调度积极性。

（2）电网、算网协同规划，建设算电协同的输配电网络。截至2023年3月，国内有超过30个城市正在建设或提出建设智能计算中心，为企业提供集中式普惠算力；与此同时，工信部、国资委等部门也在促进边缘算力协同部署，支持工业制造、智能电网等低延时业务应用，推动"云边端"算力泛在分布、协同发展。城市配电网规划，需要同步考虑边缘算力中心的建设需求。

（3）电能、算能协同感知，打造边端协同控制的智能负荷。在配电网部署智能融合终端，实现边缘应用按需部署；通过HPLC技术和智能物联操作系统，实现海量终端统一管理，电力算力实时感知。

3. 趋势展望

"算电协同"是算力以算网的形态与电网深度融合，成为能源互联网的重要组成部分。软件上融合电力调度和算力调度，硬件上融合电力基础设施和算力基础设施。算电协同将促进电力系统降本增效并且促进数字经济绿色低碳发展。当前阶段为算力消耗电力阶段，数据中心部署从单纯考虑计算量分布转向考虑能耗和电力消费成本。

随着电力算力联合调度的发展，算电协同将进入协同阶段：首先是算力响应电力，数据中心通过感知电力系统状态如电价、碳排放等信息，进行算力调度，形成有效需求侧响应；接着是算力促进绿电，数据中心作为电力消费大户，自主部署分布式能源，主动引导绿色电力消费。

最终阶段是实现数能深度融合：首先是融合调度，电力—算力协同调度将计算任务转化为电网的清洁灵活性调节资源；算力跨区域分配计算任务，为电力系统降本增效。其次是基础设施融合，电网、算网协同规划，促进绿色能源就地消纳，节约输电成本，共用建设用地、场站和保障电力，协同部署。

如图 4-19 所示为算电协同"三步走"发展阶段示意图。

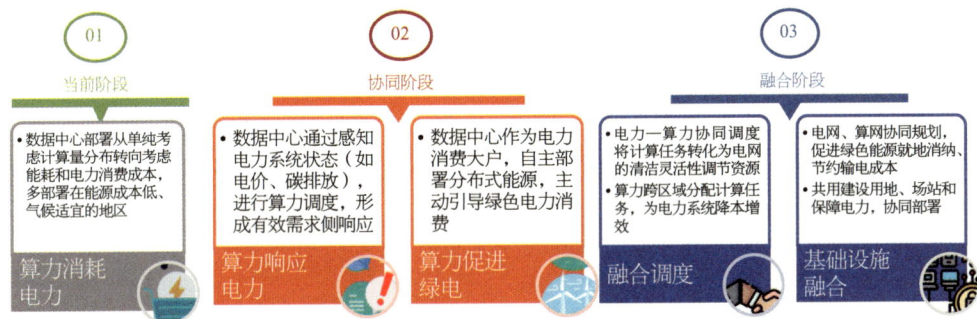

图 4-19　算电协同"三步走"发展阶段

随着算力对电力消耗的增大，算力的大范围、多时段调度等同于电力负荷的大范围、多时段调度。算力调度成本甚至可能会低于建设输电线路和储能成本，进而助力更低成本、更安全的电力系统绿色低碳转型。

4.2.13　电碳融合

1. 数字赋能的必要性

1）场景定位

碳中和目标是发展新型电力系统的核心动因，而构建新型电力系统也是我国实现碳中和目标的关键抓手。全面、准确地计量电力系统全环节碳排放，促进电碳融合，是推动新型电力系统建设的重要基础之一。要想实现电力行业的减碳，首先需要厘清电力系统的碳排放情况，掌握电力行业全环节的碳排放规律，深度促进电碳融合，进而制定合理有效的降碳减排策略。基于电碳融合的电力碳计量问题目前已受到国家的高度重视，出现在多份国家部委文件中。

实现电碳融合，离不开数字化技术的支持。由于新型电力系统的发展趋势和国内外碳政策进展，传统基于核算的碳计量方法已难以应对高精度、高实时性、高认可度应用需求下的碳排放核算需求，电力碳计量方法将逐渐从基于"年度统计"的平均碳排放因子法过渡到基于"实时计量"的动态碳排放因子法，而在计算动态碳排放因子时，需要以海量机组出力数据、电力系统潮流数据、电力负荷数据为基础，也需要开发电力碳计量表计以满足精准碳计量体系的需求。因此，电碳融合的实施和落地离不开数字化处理技术、通信技术、区块链技术等数字化技术的大力支持。

2）面临的挑战

缺少高时空分辨率的碳排放因子计算技术。目前的计量方法在空间尺度上最小分辨率为省级，同省份内不同地市、区县的用户在用电碳排放方面的差异性无法体现，不利于调动各地消纳新能源的积极性；时间尺度上，现行用电碳排放因子的最小分辨率为年，不同季节、不同时段下的用电碳排放因子差异性无法体现，导致电力用户对新能源出力缺乏感知。

缺少大规模电力系统的碳排放流快速求解技术。面向电碳融合需求，电网需要实时计算全网各个节点的用电碳排放因子信息，且由于电力系统的碳排放因子具有"源网荷"全环节耦合特性，需要在计算时综合考虑全网的电碳信息，该特性给大规模电力系统的实时碳排放因子计算提出了挑战，尤其是面向大规模电力系统时，可能会遇到求解耗时长、求解收敛性差等问题，难以支撑实时碳计量与实时碳信息发布的时效性要求。

电碳耦合场景下的碳排放计量系统开发。针对电力行业直接碳排放计量，需要加强直接碳排放计量监测设备和校准设备的研制与应用，探索电力碳排放实时、精准、低成本计量的新方法，推动相关计量器具的智能化、数字化、网络化。对于电力系统间接碳排放的计量，需要考虑如何保证间接碳排放计量满足"可测量、可报告、可核查"要求，以及如何保证数据的不可篡改性。因此，需要研发用于电力系统实时碳计量与碳追踪的碳表装置，其中包括碳表装置的架构与软硬件实现方法、协同机制、通信架构、计算资源的部署等。通过部署于电力系统不同节点和环节的碳表系统，助力电力系统实时碳计量与碳追踪从理论研究迈向实际落地。同时，为支撑碳表系统的规模化部署与应用，还需要研究构建完善的碳表装置计量标准。在此过程中，电力碳计量装置通信延迟、网络拥塞、信息安全性和隐私保护、通信协议兼容性等数字化问题将成为未来我国新型电力系统碳计量装置研发领域亟待解决的问题。

2. 数字赋能的价值

1）解决方案

数字化为电力系统碳计量提供通信、数据及智能化支撑，是促进传统电力技术面向低碳化需求转型的关键。基于数字化技术，汇集电网调度、营销、规划等多源数据，应用大数据汇集、治理、计算技术与碳排放流算法，从而实现电力系统全环节碳排放流的在线计算，实现全电压等级电力系统高时空分辨率计量与预测，为电力系统碳排放计量与核算提供计及电碳数据灵活采集、电碳数据智慧存储、电碳数据可靠通信、排放因子计算预测、计量结果认证溯源及减碳节能智慧引导的整体性数字化解决方案。以上电碳融合场景的数字基础设施与技术深度融合，如图4-20所示，将形成以"碳计量服务平台"与"分布式碳计量终端"云边协同、互联互通为基本表现形式的碳计量关键技术。

基于电力大数据的碳计量服务平台。基于电碳融合技术，汇集系统调度、营销、规划业务数据，应用海量多维异构数据的高效汇集、治理、清洗与存储方法，内嵌大规模电力系统碳排放流快速求解算法，实现电力系统全环节碳排放流的在线计算；结合数字平台可视化方案，搭建基于电力大数据的碳计量服务平台，实现电力系统全环节碳排放的实时、精准测算与动态展示分析。

基于电力大数据的分布式碳计量终端。应用大规模数据的数字化、分布式感知与采集技术，实现电网潮流与碳排放流数据的本地汇集与分发，构建高可靠性的碳计量终端实时通信网络，形成分布式碳计量终端输入数据集合，结合电力系统碳排放流分布式迭代算法，实现基于碳计量终端的电力系统碳排放流实时、精准计量。

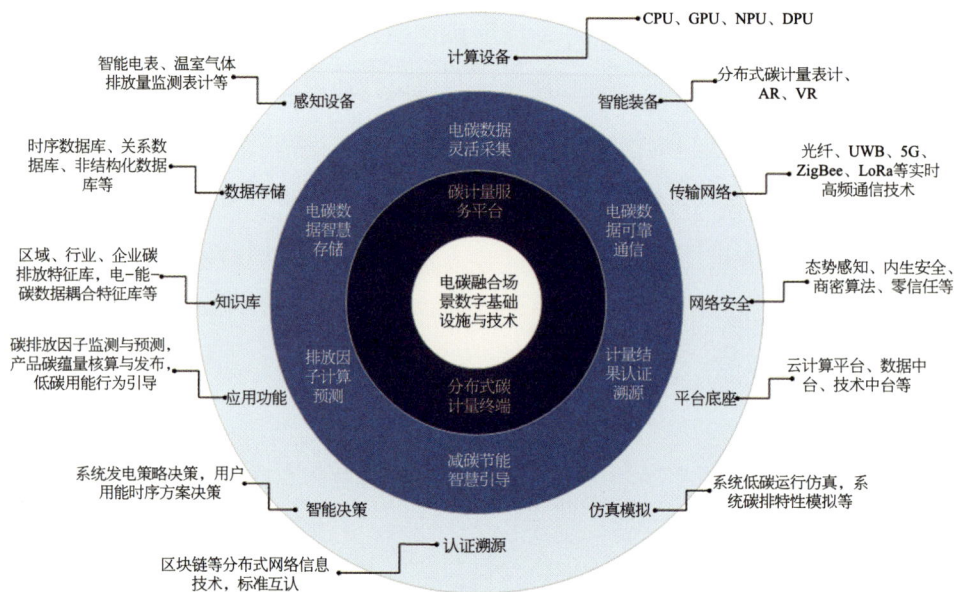

CPU、GPU、NPU、DPU

智能电表、温室气体
排放量监测表计等

感知设备

计算设备

智能装备

分布式碳计量表计、
AR、VR

时序数据库、关系数
据库、非结构化数据
库等

数据存储

电碳数据
灵活采集

碳计量服
务平台

电碳数据
智慧存储

电碳数据
可靠通信

传输网络

光纤、UWB、5G、
ZigBee、LoRa等实时
高频通信技术

区域、行业、企业碳
排放特征库、电-能
碳数据耦合特征库等

知识库

电碳融合场
景数字基础
设施与技术

网络安全

态势感知、内生安全、
商密算法、零信任等

碳排放因子监测与预测，
产品碳蕴量核算与发布
低碳用能行为引导

应用功能

排放因子
预测

分布式碳
计量终端

计量结
果认证
溯源

平台底座

云计算平台、数据中
台、技术中台等

系统发电策略决策、用户
用能时序方案决策

智能决策

减碳节能
智慧引导

仿真模拟

系统低碳运行仿真，系
统碳排特性模拟等

区块链等分布式网络信息
技术，标准互认

认证溯源

图 4-20　电碳融合场景数字基础设施技术图谱

2）实践与成效

数字赋能的低碳需求响应技术在互动减碳中的实践应用。2021 年，江苏常州某纺织厂对低碳需求响应技术开展了示范应用，基于数字化网络通信技术及全链碳表系统，向用户发布用电提醒和推荐，通过使用户感知到不同时段的用电碳排放差异，激励用户在碳排放因子较低的时段多用电，在碳排放因子相对较高的时段少用电，能够使得电力用户在不降低自身用电总量的情况下，通过调节用电时序实现降碳减排。在试点区域实现单日减少间接用电碳排放量 79.9 kg。

依托数字化碳表的用电碳蕴量核算技术实践。2021 年在江苏常州某纺织厂对用电碳蕴量核算技术开展了示范应用，基于数字化碳计量系统，试点生产了带有"碳耗码"标签的服装产品。有效帮助企业和消费者明晰了每件产品背后蕴含的用电碳排放信息，在全球低碳发展背景与碳边境调节机制下，可以促进消费者选择更加清洁低碳的产品，也可以促进企业有针对性地完善生产环节，降低产品碳蕴量。

3. 趋势展望

数字化技术驱动下，碳排放计量方法将呈现"智能高效""实时精确""权责分明""可靠溯源"等特征。直接碳排放计量方面，当前基于燃料排放因子的直接碳排放计量方法存在时间滞后性高、受人为因素干扰大等问题，无法满足电力系统实时、精准碳计量的发展需要。未来需要进一步创新碳排放连续监测技术，开展碳排放浓度监测、烟气流速监测、流速校准等技术研究，降低监测设备安装运维成本，建立健全相应的技术规范与监管体系。间接碳排放计量方面，目前的用电间接碳计量方法无法厘清交易行为对电力系统碳排放责任转移和分摊产生的影响。因此，需要进一步研究计及电力交易行为的电力系统间接碳排放计量方法，有效辨析电网中交易电量、非交易电量、辅助服务的碳排放责任差异，并实现用电碳排放责任的可靠溯源。

数字化技术将拓宽基于电力大数据的碳排放计量的应用场景，促使低碳转型工作由"碳排放计量、监测、认证"向"降碳引导、低碳优化"演进。探索基于电力系统精准计量体系的应用服务场景，可以有效发挥计量机制的优化和引导作用，在促进电力行业降碳减排的同时带动其他相关行业的低碳转型。随着新型电力系统中用电间接碳计量方法在准确性和时空分辨率方面的改进与完善，精准用电碳计量技术将成为用户低碳用电的指导因素。

4.2.14 智慧调度

1. 数字赋能的必要性

1）场景定位

电网智慧调度是指利用人工智能、云计算、大数据、物联网等先进的信息技术和智能算法，对电网的每个状态进行自动获取和综合了解，辅助进行电力调度和管理，使电力调度操作更加便捷精准，保证新型电力系统下电网安全、经济、低碳化运行。

新一代调度系统的建设需要依托计算机、网络、人工智能三个领域技术进行。首先，其需要依托计算机技术实现系统结构技术、管理技术、维护技术、应用技术的结合；其次，需要通过网络技术的应用，运用大数据的网格化管理实现电网调度自动化的管理应用；再次，人工智能技术的发展对电网调度自动化系统的影响至关重要，把人工智能的技术应用于电网系统可以给调度工作提供巨大便利，实现电网调度控制系统从监测到分析再到调度进而到自动化控制管理的全面建设。智慧调度是新一代调度控制系统的最主要特征，通过深度融合先进信息技术，利用其在数据驱动、主动推理、人机融合、群体智能方面的优势，实现电网调控海量信息快速处理，提升对复杂大电网特性和规律的认知能力，提高电网运行控制的智能化水平，增强交直流混联电网故障防御能力，其具有广阔的应用前景，能更好地应对新型电力系统发展新形势下带来的挑战。

2）面临的挑战

在建设新型电力系统的背景下，我国电网规模不断扩大，电网结构日趋复杂，接入的新设备种类逐步增多，所汇聚的信息量迅速增长，电力系统呈现出一些新的特征。这些情况均使得传统的电网调度模式/调度系统已经难以适用，电网调度控制领域面临严峻的挑战。

信息安全与数据互操作是制约智慧调控发展的主要瓶颈。在新型电力系统中，智慧调控涉及多个设备和系统的集成，需要进行大量的数据采集、传输和处理，特别是相比传统调度，需要很多负荷侧/储能侧的新设备、新数据。一方面，技术标准和互操作性是一个重要问题，不同厂家和设备之间的兼容性、互联互通的难度以及统一的数据标准等方面都需要进一步完善；另一方面，由于牵涉多个主体，数据隐私和网络安全是关键问题，保护用户数据的安全性和隐私权，需要加强相关技术和政策的支持。

新型电力系统呈现出的新特点对调度策略提出了更高要求。新型电力系统下，一方面，随着可再生能源的大规模并网，能源供应环节的"双高"特性凸显；另一方面，随着分布式新能源、微电网、互动式设备大量接入，用户用电特性及终端系统运行方式将发生重大改变；再一方面，随着未来电、热、氢、生物天然气等能源设施的接入，在能源传输环节将呈现以电为主干、多种形式能源互联互通的态势。这些特征为电力调度决策增加了新的复杂工况。传统的调度方式在应对源荷多重不确定性、主动配网双向潮流、多能耦合协同转换等方面均不再适用。

人工智能在电网调度中应用的可靠性要求更高。面向新型电力系统下的新一代电网调度系统,人工智能可以为提升新型电力系统的安全运行水平和清洁能源的高效消纳提供一条创新之路。然而,人工智能在电网调度领域的应用目前还处于起步阶段,对比其他"AI+"行业,人工智能更加难以快速、深度影响传统电力行业。电力系统的运行方式千变万化,人工智能涉及的计算分析模型复杂,计算规模非常巨大。此外,电力系统对调度决策的可靠性要求非常高,不允许有一次失败,而目前人工智能通过"强化学习"形成的决策还停留在好与坏的区别上,而不是行与不行的区别上。推动人工智能在电网调度中的应用仍然任重道远。

2. 数字赋能的价值

1)解决方案

根据国网新一代调度系统的架构,智慧调控系统采用云边协同架构体系。在用户"边"侧,通过在园区、工业企业、楼宇等能源用户构建用户智能边缘单元,采用边缘计算技术,建设用户多类型终端的信息采集、汇聚、能量管理等多能统一入口,实现用户侧数据压缩、特征提取、多能运行优化等功能融合,通过将数据采集、管控业务数据处理能力下沉到能源用户本地,极大地提高处理效率。通过多类型物理通道实现信息高效传输,解决广域终端数据采集与处理问题。在上层"云"层面,构建公共信息服务支撑平台,实现数据汇聚接口、模型、标准、服务标准化,建设智能电网运行和电力市场运营两大技术服务板块,为电网调度管理提供基础支撑,并通过应用市场与开发平台、模型数据服务平台、信息发布平台等各类对外的平台为不同类型用户提供能源与数据价值挖掘服务,推动构建开放共享的能源业态,助力实现广泛数据、资源、系统低成本、高效接入与管控,促进新型电力系统建设。关键技术包括:

广域数据采集与可信互操作。通过安装传感器和监测设备,实时采集电力系统各环节数据,掌握各环节设备的状态参数和运行情况。新型电力系统下,接入设备布局分散、数量庞大，接入节点的可信度无法保证，且参与主体众多，数据专网传输成本高昂，而公网数据传输可能存在恶意节点攻击等安全问题。在数据共享方面，存在应用层内不同业务对不同数据使用权限不约束等问题。运用先进的信息化技术，如基于区块链技术，在数据指令交互、节点接入管理以及能源数据共享三方面实现能源数据的安全可信互操作。构建包括云、边、端的三层安全可信互操作框架，突破不同主体间的安全可信互操作技术。

多源异构数据的分析与预测。从为不同类型用户提供能源服务的角度出发，深度挖掘数据价值，利用状态估计、机器学习、知识图谱、深度学习等算法，在系统状态分析、潮流计算、安全分析、能耗碳排放统计、趋势分析、规划分析等方面对采集到的数据进行全方位的处理和分析。利用人工智能技术，对新能源出力、用户负荷、电动汽车充电负荷等进行精准预测，开发线性回归、逻辑回归、决策树、随机森林、支持向量机、神经网络等多种预测算法，预测电力系统未来的负荷需求、风电或太阳能发电量等，为智能调控提供依据。

面向新型电力系统的智能优化调度。基于数据分析和预测结果，通过智能算法和优化模型，实现对电力系统的自动化调度和运行优化。智能优化调度与传统调度具有显著区别。例如：针对高渗透率新能源以及大量如电动汽车充电负荷接入的情况，源荷波动等随机性因素增加，对系统运行安全性形成威胁，需要开发风险量化的概率优化调度技术；对于规模化新能源集群接入电网运行的情况，需要开发资源集群类同步机主动支撑调控技术，研发集群控制器，实现新能源资源集群平滑与主动支撑控制；对于市场调控一体化建设，需要发展改进现有的调控和市场运营模式，利用强化学习等技术加强市场预测，提升电力市场交易策略的优化水平，加强对调控环节的指导；对于系统管理信息大区系统，如调度生产管理系统、行政电话网管系统、电力企业数据网等，可以利用自然语言处理技术实现对电力系统的语音交互和自然语言处理，提高电力系统管理的智能化程度。

响应式电力供应与需求管理。面向灵活高效、开放互动的新型电力系统，结合智能计量、电价调整和用户侧参与等手段，实现电力供应和需求的灵活调配与管理。完善各地区负荷管理系统平台建设，开发面向用户的虚拟电厂运营管理平台，聚合底层用户资源，并对上接入电网调度系统和市场交易系统，成为实现电力企业与用户互动的"承上启下"关键环节。发展如多能分布式资源集群聚合、虚拟电厂市场报价策略、考虑虚拟电厂接入的区域电力市场出清、虚拟电厂内部优化解聚合、厂网互动多级优化调度等多种相关技术，形成完整的面向用户侧资源挖潜的技术体系，将用户侧资源纳入智慧调控进行高效管理，减少电网投资，实现多方利益共赢。

2）实践与成效

风险量化的概率优化调度技术示范应用。例如，在吉林电网进行应用，以2020年5月为例，进行火电开机容量优化。按照机会约束优化模型，将概率预测纳入开机安排后日均开机容量明显下降，开机容量曲线也伴随风电预测的波动而呈现阶梯性变化趋势，如图4-21所示。火电日均开机容量比实际开机减小89.4万kW。概率调度模型给出的新能源接纳空间能够较好地覆盖新能源的实际出力，限电较少，为0.06亿kW·h，较实际限电减少0.26亿kW·h。

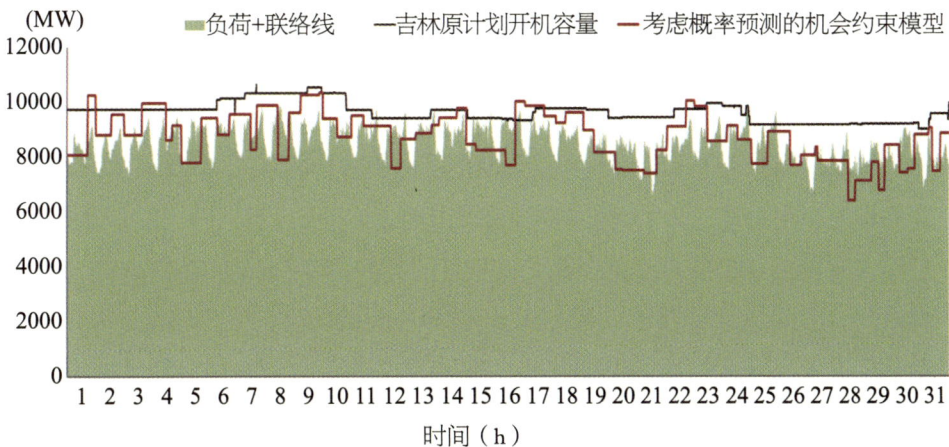

图 4-21 吉林电网开机容量对比

3. 趋势展望

随着新型电力系统发展进程的逐步推进和新一代调度控制系统的普及，数字化在电网调控领域的应用将越来越广泛和深入。未来智慧调控技术应用将朝着数据模型更加丰富完善、数据处理更加安全可靠、调度策略更加精准安全、流程操作更为高效便捷的方向发展。

数据模型更加丰富完善。随着更多的主体纳入新型电力系统，以及先进感知技术、数据存储技术的不断进步，智慧调控所接入的数据将越来越丰富，在此基础上，越来越多的新主体、新设备将纳入调控范围，面向系统分析和优化调控的模型会越来越丰富。例如，当前正在成为热点的区域多能耦合综合能源运行优化调度技术，将被纳入智慧调控特别是边端系统的边缘计算中。

数据处理更加安全可靠。随着计算机信息技术的不断进步，对多源异构数据的一致化处理将越来越成熟。利用区块链技术对数据进行安全可信互操作处理，实现面向新型电力系统的扩展 IEC-CIM 统一化建模，以形成智慧调控操作的标准信息化基础，用户的信息安全和隐私得到充分保护，以此为基础可以发展如云端能量运行托管等诸多新兴业务模式。

调度策略更加精准安全。随着对新型电力系统各典型场景研究的不断深入，以及电力网络、多能网络分析技术理论的不断完善，未来电网的调控策略将更加契合新型电力系统的建设需要，可以解决高比例新能源并网下的消纳和系统运行安全问题，充分调动源网荷储各环节的灵活性资源，实现绿色、安全、高效、经济的新形态系统运行。

流程操作更为高效便捷。借助于强大的人工智能技术，未来智慧调度系统将挖掘更多的应用场景，加强已发掘场景的应用效果，使人与机器间的互动更加友好，充分理解调度运行人员，实现机器与人的共同协作、优势互补。协助调度员实现对电网运行状况的监督，评测调度员对于问题解决措施的正确性，减轻调度员的工作压力，提高电力电网智慧调度系统的准确性和安全性。

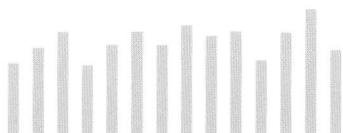

总结与展望

从过去几十年间信息技术在中国电力系统中得到初步应用，直至如今数字技术与电力系统的融合日益加深，中国电力系统的数字化转型之路随着技术发展一直在不断向前延伸。当前，5G、大数据、人工智能等一系列数字技术在电力系统"源网荷储"各个环节均已得到不同程度的应用，所发挥的提质增效赋能作用逐渐凸显。随着技术成熟度和商业化程度的提升，数字技术在电力系统中的应用场景逐渐拓宽，形成了一批具有良好示范作用的新产品、新业态和新模式，为中国新型电力系统的建设和完善奠定了良好基础，也正在为解决构建中国新型电力系统过程中面临的突出问题提供强大的"智"力支撑。

综合考虑电力系统的各环节及业务实施逻辑，我们构建了14个电力数字化的典型场景，针对新型电力系统的高比例新能源接入、电力系统灵活性提升、电力设备的提质增效等关键问题，从场景的定位、面临的挑战、数字化的解决方案及实践成效等方面，详细分析了各场景的数字化价值。对各场景的数字化发展趋势进行展望，明确各场景未来对数字技术的需求，并从算力、存力、运力等方面分析了电力数字基础设施如何更好地支持电力数字化的实现。从中归纳总结出适应新型电力系统的数字基础设施代际特征，即"实时全联，通感一体，立体超宽，智能敏捷，绿色低碳，安全可控"，并详细分析了支撑各项特征的关键技术。

未来，构建新能源占比不断提升的新型电力系统，需要推动数字技术与电力系统更深层融合、更紧密联结、更频繁互动。建议持续完善"政企学研用金"协同体系，多方发力、多措并举、携手共进，从要素、资金、人才、创新、示范、安全等多角度出发，综合施策、逐个突破，有序高效推动电力数字基础设施建设。

健全完善行业标准。一是健全数字技术赋能电力系统建设的标准体系，围绕数字技术在"源网荷储"中的典型应用场景，绘制现有标准图谱，补充完善数字技术在新型电力系统中的应用标准，构建精准的电力数据资源与信息技术网络接入标准。二是加强新型电力系统标准体系建设，围绕新型电力系统分析认知、规划设计、运行控制、故障防御、源网协调等重点领域，开展现有标准的适应性分析和未来标准的需求研究，加快形成覆盖全面、行之有效的通用标准。三是推进电力数字基础设施标准体系建设，加快制定电力数字基础设施基础及通用标准、电力数字基础设施运营技术标准等关键重点标准。

统筹协调规划设计。一是尽快完善新型电力系统数字化建设顶层设计，促进电力系统建设与低碳化、数字化齐头并进，锚定国家"碳达峰、碳中和"战略目标，因地制宜加快重点地区新型电力系统中长期建设规划方案的研究制定，以支持性政策带动新型电力系统数字化建设。二是统筹电力系统数字化发展规划与国家电力发展规划、新能源发展规划、数字经济发展规划等，开辟出一条目标引领、重点突出、实操性强的新型电力系统数字化建设工作路径。三是合理推动"源网荷储一体化""风光水火储"多能互补体系、"光储直柔"建筑等重大电力系统试点项目与地方其他重点工程、科技规划衔接，推动项目有序实施。

创新科技金融服务。一是鼓励政策性银行对虚拟电厂、算电协同等创新领域的企业在贷款利率、期限、额度上给予政策倾斜，引导商业银行采用银团贷款、供应链融资等方式为电力行业数字技术改造重大项目提供信贷支持。二是鼓励金融机构为符合条件的科技型电力企业给予优先信贷支持，重点支持电力系统数字化基础设施建设和数字技术在电力系统中重点应用项目建设。鼓励政府性融资担保机构对电力数字化企业融资提供担保，解决企业前期融资难题。三是鼓励科技创新和科技成果转化，支持商业银行探索开展知识产权质押贷款新模式，为数字电力领域的科技型中小微企业提供便捷化科技金融服务。

加强人才平台建设。一是围绕电力数字基础设施发展需求，建立电力系统数字技术预备人才数据库。二是搭建区域性电力人才服务平台，为算电协同、虚拟电厂等领域电力数字化建设相关人才提供一站式办事服务。结合人才自身的专业及需求，提供人才交流、生活娱乐、职位招聘等信息，定期组织开展区域相关电力数字化基础知识和技能培训，全方位服务区域人才。三是畅通线上人才交流渠道，积极搭建数字化的人才公共平台对接电力企业人才需求和高校人才资源，鼓励企业与高校在学科设立和关联上探索合作机制，建立大学生培养基地和实习基地，构建定向培养发展机制，提高人才培养的针对性和有效性。

开展项目示范建设。面向重点领域开展一系列试点应用，厘清电力系统开展数字化建设的着力点和典型应用场景，探索形成一批可复制推广的数字电力系统解决方案和创新应用。一是完善示范试点项目顶层设计，采取"自上而下"的方式，发布利用数字技术促进电力系统转型升级的试点建设方案，明确重点方向、遴选要求、工作任务等内容。二是开展大规模项目遴选，鼓励重点领域开展电力数字化建设最佳实践项目试点，遴选一批火电灵活性改造、新能源集中智慧运维、虚拟电厂、算电协同等领域先导试点应用，推进多维度数字技术应用和服务创新。

附录 A

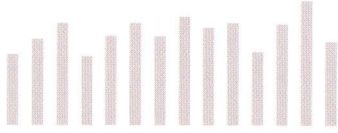

算电协同的发展实践

　　算力是数字经济的核心生产力和大国之间国力竞争的重要手段，在党中央的战略部署下，我国正积极推进数字经济的发展，全力推动构建新发展格局。随着《"十四五"数字经济发展规划》等政策文件的出台，国家明确提出要构建全国一体化的大数据中心体系，加强算力基础设施建设，提升算力供给质量和服务水平。在此基础上，国家进一步提出了"东数西算"工程，要求优化数据中心布局，加快构建全国一体化算力网。数据中心高耗能对电力系统规划、运行等多方面提出了巨大挑战，我国受制于智算芯片禁售，在同等算力水平下，国内的算力能耗和配供电基础设施建设运营成本均高于国际行业领先水平。因此，为更好地鼓励和引导算力与能源技术的交叉融合，通过算电协同的方式实现信息流和能量流的协同和交互，最大范围实现社会资源效率的提升，亟待研究布局新型"电力＋算力"基础设施，开展算电协同实践。

　　在政策引导与市场需求的双重牵引下，各级地方政府、行业企业开展了丰富的"算电协同"探索与实践，通过引导算力需求向西部清洁能源基地迁移，推动绿色低碳能源中心与算力供给中心的协同建设，充分利用西部冷凉的气候和丰富洁净的电力资源，建设一批超算工厂，形成超算、智算乃至未来与量子计算相结合的低成本算力网络，同时通过新能源大基地项目的建设满足算力节点的低价绿电需求和综合能源调控需求，既满足了数字中国建设对算力生产要素的需求，同时又解决了局部地区新能源消纳难题，是实施数字中国战略与"双碳"战略的重要举措。

A.1　算电协同的地方实践

A.1.1　新疆哈密

（一）总体情况

哈密市位于新疆东部，地跨东天山南北，邻甘肃、接巴州，毗昌吉、吐鲁番，与蒙古国接壤，国界线长 587.6km，面积 14.21 万 km^2，是丝绸之路经济带重要节点城市，素有"新疆门户""新疆缩影"之称。这里能源资源富集，已探明矿物 88 种，煤炭储量约 5708 亿 t。土地类型多样，石油、天然气资源丰富，水资源以天山冰雪和地下水为主。自然景观独特，有雅丹大海道、巴里坤大草原、淖毛湖原始胡杨林等众多景点。

2024 年哈密市地区生产总值达 1084.39 亿元，同比增长 10.3%，增速连续两年位列全疆第一；规模以上工业增加值 493.8 亿元，同比增长 14.1%，增速居全疆第四位；固定资产投资 596.5 亿元，同比增长 45.9%，增速位居全疆第一位；一般公共预算收入 120.5 亿元，同比增长 12.1%，主要经济指标增速均高于全国及全疆平均水平。

（二）发展条件分析

哈密市是资源型城市，和内蒙古鄂尔多斯、陕西榆林属于同一类，煤炭、煤电、煤化工占工业的 80%。为充分发挥新能源特别是绿电优势，哈密将算力作为传统能源产业转型升级的战略产业，全力推进。

一是哈密是新疆算力产业发展规划的战略一极。2024 年，新疆发展改革委启动算力相关产业规划，提出"一核五极"的总体布局，将乌鲁木齐作为核心枢纽，打造云计算和大数据中心，哈密、克拉玛依等五个地州将作为战略支撑点，推动算力产业的发展。2024 年 3 月 27 日，新疆自治区发展改革委、国网新疆电力公司联合印发《关于进一步发挥风光资源优势　促进特色产业高质量发展政策措施的通知》，提出"推动绿色算力规模加速壮大，每 500PFlops 算力支持 40 万 kW 市场化并网光伏或相当规模风电"。哈密市凭借其优越的地理位置、丰富的能源资源以及良好的产业配套设施，积极主动地融入"东数西算"国家战略，致力于打造成为算力产业的重要承载地，通过建设智算中心、引入算力技术与人才等方式，不断提升自身算力水平。

二是哈密具备支撑算力产业发展的新能源禀赋。哈密是全国风、光资源最佳地区之一，风能资源在新疆九大风区中占据三个，风区面积占全疆的66.3%，90m高度平均风速7.41~8.49m/s，风电利用时长2800~3600h，风能资源技术开发量3.03亿kW，已开发量不足1%，开发潜力大，能为算力产业提供绿电支撑。同时，哈密光热资源在新疆最优，也是全国日照时数最充裕地区之一，平均太阳总辐射量6214.66MJ/m^2，全年日照时数3170~3380h，太阳能资源理论蕴藏量2.26×10^{5}亿kW·h，资源可开发量49.38亿kW，技术可开发量32.09亿kW，被定为千万千瓦级风电、百万千瓦级光伏发电示范基地。此外，辖区内新能源建设区域多为荒漠、戈壁，地势平坦，适合大规模基地式集中连片开发建设，具备建设大型风光电基地的土地资源优势。

三是哈密区位优势明显。哈密是内地进疆第一站，离内地最近。与新疆其他地州相比，比乌鲁木齐近600km，比克拉玛依近1000km以上。哈密被列为陆港型国家物流枢纽承载城市、新疆铁路枢纽城市、国家公路运输枢纽城市。现有兰新铁路、哈罗铁路、哈额铁路、将淖铁路、红淖铁路、临哈铁路等，将淖铁路复线2025年建成后运能将达到每年1.5亿~2亿t，成为疆煤外运的"黄金通道"。G30、G7、G575、G331横贯哈密。哈密机场被确定为新疆次枢纽机场，现有28条以上航线连接疆内外，巴里坤机场将于2025年上半年投运，伊吾通用机场年内开工建设。哈密市还设有国家一类口岸——老爷庙口岸，是中国新疆与蒙古国发展边境贸易的重要开放口岸之一。

（三）算力发展情况

伊吾县规划了伊吾算力创新示范区，如图A-1所示，规划占地1400亩，打造"一座一心三区一廊"空间格局，形成"1131"产业体系（一组算力底座、一个产业发展中心、三大产业功能区、一组生态廊道）。目前，示范区多个配套项目相继开工建设，持续完善配套功能，不断提升示范区的配套服务水平。

伊吾先进计算集群示范项目已于 2024 年 4 月建成投运，总投资 6520 万元，建筑面积 1150m²，是集展示、教学、研究、计算于一体的先进计算示范中心，总算力约 150P。

图 A-1　伊吾算力创新示范区

伊吾先进计算集群二期项目。总投资 3.82 亿元建设两栋算力楼，总建筑面积 3.5 万 m²，其中二号楼采用绿色低碳、高度集约的模块化设计，共计可承载算力规模约 60 000P。目前，已入驻先进计算集群二期项目 15 个，拟投资金额达 127.92 亿元，现已建成 2000P 算力，供长安汽车使用，拟逐步构建起高效集约的算力基础设施体系。

（四）建设亮点

2024 年 8 月 5 日，国家数据局要求哈密市开展"疆算入渝"任务编制，2025 年 1 月，疆算入渝长安示范项目加快建设，用时一个月建成投运；2025 年 4 月，重庆、新疆两省/区政府与中国移动、阿里云签署战略合作协议，明确算力调度机制和产业合作路径，形成"政府引导＋企业主导"推进模式，从顶层设计到跨域协作层层压实责任，为任务落地提供强力组织保障。

抢抓全国一体化算力网战略机遇，通过强化绿色电力支撑、建设新型算力通道、提升监测调度能力、构建城市算力网以及制定标准规范体系等举措，实现新疆算力供给重庆。一是强化绿色电力对算力的支撑能力。伊吾 35kV 变电站建成投运，20 万 kW 源网荷储一体化项目分两期推进，一期风电稳步推进；220kV 变电站项目已开工，为算力产业稳定绿色电力供应奠定基础。二是新型算力通道初具规模。租用中国移动 100G 链路实现哈密伊吾至重庆的数据传输，已承载重庆长安汽车业务数据迁移。三是算力监测调度能力快速提升。调度平台软件部署环境搭建完备，字节跳动公司正开展软件平台部署，预计在 2025 年年中进行功能演示。四是城市算力网完成基础构建。探索使用 "V2V" 协议技术及网络交换设备，结合光传输链路，完成三个节点核心设备部署及接通测试。五是制定算力相关标准规范体系。正在开展《视联网算力输送总体技术标准》和《算力监测调度标准》的编制工作。

（五）算电协同主要做法

一是建设源网荷储项目。通过实施 220kV 变电站配套 20 万 kW 源网荷储一体化项目，优化电力资源配置，降低输配损耗与运营成本，实现绿电直供达到 60% 以上，进一步降低区域电价，实现 220kW 电价在 0.35 元 /kW·h 时左右。

二是争取绿电直供试点。在开展 "源网荷储" 的基础上，全力争取国家、自治区层级对哈密算电协同的大力支持，在打造 "低电价洼地" 的同时，实现能源结构优化升级、推动区域经济可持续发展以及助力国家 "双碳" 目标达成，为哈密地区的能源利用模式探索出一条创新、绿色之路。

三是绿证交易。采用源网荷储绿电直供方式将绿电使用占比提高至 60%，再通过 "绿电直供" 和市场化购买绿证等方式，实现绿电使用率达 80% 以上。

A.1.2 四川

（一）总体情况

四川作为清洁能源大省，是国家西南水电基地的重要组成部分，也是国家清洁能源示范省。水能技术可开发量 1.48 亿 kW·h，占全国 21.5%，主要集中在金沙江、雅砻江和大渡河流域；水电装机近 1 亿 kW，稳居全国第一。新能源集中在阿坝、甘孜、凉山和攀枝花为代表的"三州一市"地区，光伏规划可开发量超 2.8 亿 kW，风电规划可开发量 2800 万 kW。"十四五"期间，四川省电源结构持续向绿色低碳转型，截至 2024 年，清洁能源装机占比达 87.4%，较"十三五"末跃升 1.7 个百分点。

四川电力系统中电源侧和负荷端逆向分布，90% 以上清洁能源位于川西，85% 以上负荷集中在中东部地区，如图 A-2 所示。四川省内形成阿坝、甘孜和攀西送电成都平原、川北和川南负荷中心的"三送三受"格局。在川西电力走廊数量有限的情况下，如何实现川西清洁能源资源就地转化，减轻新能源消纳压力，已成为重点研究方向。"东数西算"为清洁能源综合利用提供了新途径。四川作为国家清洁能源基地和战略腹地建设核心区域，是"东数西算"核心算力枢纽中需求与资源的双重叠加点，在推动算电协同、促进绿色算力发展方面具有得天独厚的优势。

图 A-2　四川清洁能源与负荷分布情况

（二）发展条件分析

四川作为国家战略腹地，是清洁能源大省和资源流通枢纽，在算电协同发展中具有独特优势。正在从新能源基地与算力协同布局、电价机制完善、商业模式创新等方面协同推进，形成整体发展合力，有效应对产业发展多维不确定性的挑战。表 A-1 所示为四川算电协同发展 SWOT 分析。

表 A-1　四川算电协同发展 SWOT 分析

优　势	劣　势
1. 区位优势突出，资源流通高效便捷 ◆ 四川省：全国东西部资源流通枢纽 ◆ 成渝节点："东数西算"需求资源双叠加点 2. 绿色能源资源丰富，清洁电力保障 ◆ 水电装机规模近 1 亿 kW，位居全国第一 ◆ 水、风、光互补资源禀赋 3. 产业基础雄厚 ◆ 产业体系完备，涵盖 41 个工业大类 ◆ 电子信息产业集群已突破万亿规模 4. 算力集群拓展与层级优化并举 ◆ 天府集群：双流、郫都、简阳三大核心区域 + 雅安拓展区域 + 其他城市中小型数据中心和智算园区	1. 区域布局统筹不足，尚未形成整体合力 ◆ 天府集群集中核心城市，与新能源基地衔接不足 ◆ 凉山州、甘孜州等流域布局和小型水电项目规模小，整体效益和协同能力有限 2. 电价政策持续性不足 ◆ 不同区域数据中心购电价格差异大，对算力布局的经济性构成制约 ◆ 雅安低电价依赖地县调小水电和水电消纳示范区政策，小水电面临关停、2025 年政策到期，电价优势缺乏长期可持续性 3. 算电融合生态尚未成熟 ◆ 商业模式、客户需求和技术支撑未成熟缺乏完善的政策规划与应用协同机制
机　遇	挑　战
1. 全球绿色算力需求增长 ◆ 数智化进程加速，算力需求快速增长 ◆ 数据中心规模迅速扩张，高能耗突出 2. 国家政策支持力度增强 ◆ "东数西算"工程战略机遇 ◆ 算力与绿色电力协同建设要求 ◆ 2025 年枢纽节点新建数据中心绿电占比超 80%	1. 自然灾害风险 ◆ 地质灾害风险增加项目建设运营成本 2. 政策滥用和监管风险 ◆ 企业借算电协同名义争取新能源指标 3. 超大规模供需匹配挑战 ◆ 国内尚无 30 000P 以上算电协同成功案例，可能出现算力产业供需不匹配 4. 大模型技术路径变动风险 ◆ 以 DeepSeek 为代表的 AI 技术演进加快，大模型—大算力—大耗能模式面临不确定性，可能影响算力需求预测

（三）算力发展情况

四川省高度重视算力基础设施发展，省政府印发《关于加快数字经济高质量发展的实施意见》，专章部署算力设施科学布局工作。省发展改革委会同相关部门印发《四川省算力基础设施高质量发展行动方案（2024—2027 年）》，提出算力基础设施发展主要目标，从计算力、运载力、存储力三个方面推动全省算力基础设施高质量发展。

在数据中心方面，以全国一体化算力网络成渝枢纽节点（四川）建设为契机，推动构建形成"1+5+N"全省数据中心体系，已建和在建机架总量约 37 万个。全省数据中心共 131 个，建成规模约 18 万机架、上架率约 65%，在用算力规模约 15EFlops，初步形成集通算、智算、超算等多种算力于一体的供给能力。截至 2024 年 7 月底，已建成 8 家智算中心，全省智算中心规模达 6753PFlops，占全省总算力的 48.91%，主要分布在成都、雅安、达州、内江、德阳等地。在建智算中心项目 8 个，如中国移动四川南区枢纽智算中心等。成都智算中心获批全国首批建设的国家人工智能公共算力开放创新平台。在算力网络优化方面，算力网络运载力综合水平位居全国第四位。天府数据中心集群光层配置总带宽 115Tb/s，带宽利用率 63%，构建起城市内 1ms、成渝枢纽节点内 3ms、省内城市到天府集群 5ms、国家枢纽节点间 18ms 的算力网络时延圈。

（四）算电协同主要做法

2025 年 4 月，四川省发展改革委等三部委联合印发《关于支持加快算电融合发展的实施意见》，提出在清洁能源富集地区以源网荷储一体化方式建设一批绿电直供的数据中心，有序建设具有四川特色的"绿电 + 算力"融合发展示范项目。重点支持在局部电网具备稳定调节能力且电力送出通道受限断面内，加快实施源网荷储一体化算电融合示范项目，重点布局园区级万卡集群以上算力规模。到 2027 年，阿坝、甘孜、凉山、雅安、攀枝花清洁能源算力集群在全省数据中心中的占比显著提升，平均电能利用率（PUE）降低到 1.25 以下，到天府数据中心集群和其他国家枢纽节点的网络时延进一步降低。

布局方面，突出因地制宜原则，坚持需满足清洁能源资源丰富、区域电力汇集点、送出断面受限三个条件，在川西地区选择凉山盐源，甘孜康定、新都桥、乡城、得荣，阿坝红原，攀枝花市作为承接从成都以及我国东部地区转移智算中心，加快建设高效低碳、集约循环的绿色数据中心布局。重点任务方面，提出提升算力建设标准、夯实算力发展基础、建立算力调度体系、拓展算力应用生态、加强支撑算力发展技术供给、创新算力绿电供应等六大任务，解决算电融合"怎么做、做什么"的问题。其中重点是在绿电供应方面积极探索，一是支持在甘孜、阿坝、凉山、攀枝花电力送出受限断面内，利用新增新能源（含分布式）按照源网荷储一体化方式有序开展新能源电力直供电试点，开展达到万卡集群算力的算电融合项目建设。二是支持公用电网为源网荷储一体化算电融合项目提供兜底服务，允许源网荷储一体化算电融合项目将用户作为一个整体接入公用电网，接受公用电网的统一调度，不向公用电网反送电。三是允许源网荷储一体化算电融合项目作为一个市场主体参与全省电力市场交易。

配套支持措施方面，除了算力建设、算力调度、网络通信、财政补助、用地、科研攻关等常规支持政策之外，针对性地给予符合条件的算电融合项目在并网、电力市场化交易、新能源激励上体现四川特点的支持措施。并网方面，对甘孜、阿坝、凉山、攀枝花送出通道受限断面内达到万卡集群的算电融合项目，支持源网荷储一体化，允许采用"新能源直供 + 主网支撑兜底"组合供电。支持源网荷储一体化电力专线建设，直供绿电算力项目和大网兜底的电力线路长度均不超过 60km。对受限断面内达到万卡集群的算电融合项目，其大网兜底支持采用 220kV 双回路供电。电力市场化交易方面，指导"三州两市"数据中心大网供电电量积极参与全省电力市场交易，支持有需求的数据中心开展绿色电力交易。鼓励"三州两市"算电融合项目合理利用分时电价政策，灵活调整用电时段，进一步降低用电成本。对送出通道受限断面内达到万卡集群的算电融合项目（不含雅安市），支持算力项目大网购电部分的电量暂不执行尖峰电价政策，支持"三州"地区和雅安市按规定将留存电量、当地地县调直调水电站上网电量，优先用于支持万卡集群的算电融合项目。对 2026 年 6 月 30 日前建成或已实质性开工的受限断面内万卡集群算电融合项目免收高可靠性供电费用。新能源激励方面，对甘孜、阿坝、凉山、攀枝花送出通道受限断面内算电融合项目建成、算力投运后，在符合四川省新能源发展规划、电网规划前提下，支持所在市（州）按直供新能源配置规模的 2 倍给予算电融合项目运营企业（仅限一个投资主体）额外新能源配置规模。综合以上工作措施，力图实现更好并网、更低电价、更多补贴、更优调度、更快通信的目标，吸引算力产业转移，推动算电融合项目健康、快速发展。具体案例方面，在凉山州盐源县由华电四川公司、世纪龙腾公司投资建设珑腾凉山州 AI 数据中心，项目已开工建设，总体规划共计 10 万张算力卡，智算总规模 20 万 PFlops，项目拟分三期建设，计划 2029 年全部建成。其中一期建设 4 万 PFlops 智算算力，已开工建设。项目采用新能源直供加大电网兜底的方式进行供电，20 万 kW 光伏、16 万 kW 风电作为电源直供园区，通过 2 条独立 220kV 线路接入大电网，既满足稳定供电需求，也能进一步降低电价。经初步测算，清洁能源组合供电模式下能形成电价上的比较优势。

A.2　算电协同的行业实践

A.2.1　算力电力协同——云服务提供商

（一）算力情况

阿里云是中国最大的云服务提供商，市场份额中国最大、亚太第一。目前，阿里云基础设施已面向全球四大洲，服务全球客户超过 500 万。随着全面布局 AI 战略，阿里云的市场规模优势和技术领先性持续扩大，积极研发先进 AI 模型并在业界率先实现"全尺寸、全模态、多场景"开源，阿里是国内最早开源自研大模型的云计算厂商。截至 2025 年 7 月，阿里通义已开源 300 余个模型，全球下载量超 4 亿次，千问衍生模型数超 14 万个，是公认的全球第一开源模型。2025 年 4 月，斯坦福大学人工智能研究所连续 8 年推出的《人工智能指数报告》中指出，中美顶级 AI 大模型性能差距大幅缩至 0.3%，报告评选出 2024 年重要大模型 (notable models)，其中谷歌、OpenAI 和阿里分别入选 7 个、7 个和 6 个。

先进的 AI 模型背后是强大的算力基础设施数据中心支撑。阿里云在全球范围内覆盖 29 个区域，89 个可用区，超过 70 个国家，超过 3200 个边缘节点。在国内拥有八大数据中心集群。在海外，目前遍布亚洲、欧洲、美洲，未来三年将在泰国、墨西哥、马来西亚、菲律宾和韩国投资新建数据中心。2025 年 2 月 24 日阿里宣布，未来三年将投入超过 3800 亿元，用于建设云和 AI 硬件基础设施，总额超过去十年总和。

（二）清洁电力使用情况

阿里云数据中心重视清洁电力的使用。于 2021 年提出碳中和行动计划，并提出在 2030 年率先实现范围 1、2、3 碳中和及 100% 清洁能源使用。策略上，持续增长的人工智能智算算力需求不断推高数据中心等基础设施的能源需求，对碳中和目标实施提出了挑战。阿里云提出 AI 云原生智算基础设施技术栈"五大绿色"（绿色能源、绿色产品、绿色架构、绿色运维、绿色服务），支撑碳中和目标实现。从路径上讲，在绿色能源方面，阿里云通过绿电交易、新能源投资等路径达成中国绿色电力（绿证）消费 TOP100 企业科技行业榜首目标；在绿色产品方面，开发全自研高密度智算数据中心；在绿色架构方面，开源开放数据中心架构；在绿色运维方面，实现数据中心的智能高效运维；在绿色服务方面，开发形成面向碳敏感客户的碳智能推荐功能。

（三）算电协同发展情况

算电协同实践包含宏观算力的区域部署、数据中心的清洁电力供给，以及更细致层面算力业务资源的时空调度。

在宏观算力的区域部署上，考虑到智算中心单地点、全时段、大功率的特点，AI 发展亟须建设的超大型数据中心可能因为区域性的能耗指标、电网网架结构、"双碳"政策等因素受到限制，因此需要为智算中心的能耗指标、电网规划等做统筹规划。

在数据中心的清洁电力部署上，阿里云统筹数据中心发展需求和新能源资源禀赋，科学整合源荷储资源，开展算力、电力基础设施协同规划布局。阿里云目前已建成的八大自建基地全部在国家算力枢纽范围内，其中，张北、乌兰察布、嘉善、成都基地全部落在集群的核心起步区内。张北、乌兰察布充分利用当地丰富的可再生能源，成都使用本地水电，广东、江苏、浙江因地制宜地与本地核电、绿电和跨省跨区绿电合作。未来计划结合国家清洁能源基地与"东数西算"工程等相关政策进行科学布局。另一方面，打造多层次绿电聚合供应体系，跨省跨区主要通过电力市场化交易，如年度、月度、现货和多年 PPA。省内主要通过集中式绿电项目，如风电、光伏、海上风电等。市县级主要落地源网荷储项目，如阿里云张家口、保定源网荷储项目。园区级主要采用园区风光储项目，如分布式光伏和风光储一体化等。2025 年，阿里云自建数据中心清洁电力使用比例为 64%，处于国内同业领先位置。

在算力业务资源的时空调度上，当前，阿里云已经具有在物理设备和软件平台上实现跨地域数据中心算力调度的能力，这部分的实施基础首先是阿里云飞天操作系统。目前，阿里云内部采用 Sigma、伏羲、Hippo 等多个调度系统，未来将大力推进集团统一调度统一资源池工程。除数据中心集群内部调度以外，阿里云还提出了跨数据中心的负载调度层，可以实现数据中心之间调度数据和计算；能够实现跨地域维度上存储冗余—计算均衡—长传带宽—性能最优之间的最优平衡，包括跨数据中心数据缓存、业务整体排布、作业粒度调度。其次是资源调度去中心化的多调度器架构：在超大集群规模、任务高并发的场景下，集群的资源管理与调度系统（简称"资源调度系统"）需要快速地为计算任务分配资源，实现资源的高速流转。最后是阿里云 MaxCompute 资源调度系统，具备以下三大优势：低延迟，万台规模集群，调度延时可控制在 $10\mu s$ 级别；海量调度能力，支持任意多级租户的资源动态调节能力（支持十万级别的租户）；稳定，调度服务全年具有 99.99% 的可靠性，并做到服务秒级故障恢复。

阿里云开展了行业首次以可再生能源消纳驱动的数据中心"算力—电力"优化调度项目，以试运行方式参与了华北电力调峰辅助服务市场，承担多项国际、国家级科技创新课题，包括国家重点研发项目、国家科技重大专项，并于新加坡建立全球数字可持续发展企业实验室，围绕 AI 可持续等方向开展算力—能源协同优化。阿里云丰富的算力场景为算电时空调度实验落地应用提供了很好的基础，在算力实际场景中，已开展时空调度分析，验证资源管理和业务调度的策略。在调度实验的过程中，提炼出算力调度的前提条件：具备双倍以上硬件系统冗余（计算、存储、网络等）；双重备份的软件运行环境、基础数据、应用程序；挖掘可自主调度的业务、数据、场景，如压测、容灾、测试等。同时落实算力调度要求：不影响业务稳定性、不降低用户体验，不丢失数据，可快速恢复。

A.2.2　电力特高压承载算力网络的可能性——电网企业

"东数西算"工程启动以来，我国东、西部算力枢纽节点各数据中心集群大量建设项目开工，通信需求旺盛，国网公司立足支撑"东数西算"建设，结合特高压电网现状及未来布局，深入分析了依托电力通信网承载国家算力网络通信通道的可行性。

（一）特高压电力通信网络现状

特高压光缆。特高压输电系统的送端一般为大型火电厂、大型水电站、"沙戈荒"风光基地等新能源富集地区，受端主要为中、东部能源负荷中心。截至2025年5月，依托甘肃—浙江、宁夏—湖南等"十六交八直"特高压工程，国家电网公司经营区域内投运的特高压光缆大约为4.5万km。目前，新建直流特高压线路一般配置1根36芯OPGW光缆（架空复合地线，安全性高），交流线路配置2根72芯OPGW光缆，单跨段普遍在250~350km，平均纤芯使用率约50%，在部分跨省、跨区光缆段存在纤芯资源瓶颈。

光传输网络。特高压通信系统主要承载SDH、OTN传输系统，已建成SDH+100G OTN的双平面结构，支撑电网各类生产和管理业务应用。

其中，SDH网络采用10G光传输系统主要为电力调度及生产实时控制业务提供可靠通道，实现国调直调站点及国、网、省级调度端的全覆盖，以主干带宽为主，已基本实现设备国产化；OTN网络采用N×100G传输系统，为满足电网数字化管理业务的大带宽通信需要，在部分地区的特高压线路光缆上建设了OTN网络，目前主干线配置10个波道左右，各省公司按照2个100G接入（见图A-3）。

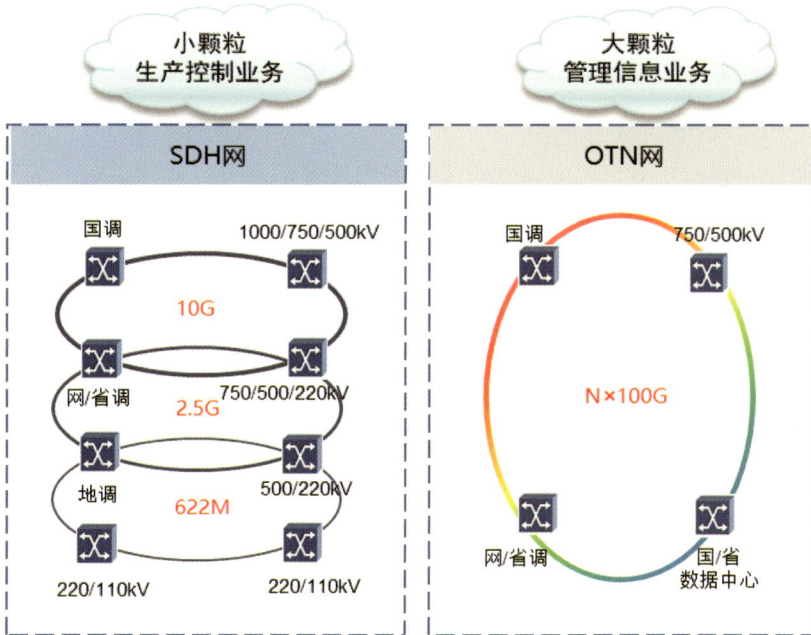

图 A-3 光传输网络业务逻辑

（二）特高压通信通道作为算力承载网络的可行性分析

"东数西算"与"西电东送"的通道走向总体一致，在保证电力生产安全前提下，光缆资源复用具备可行性。"西电东送"工程将西部（甘肃、新疆等地）清洁能源通过输电通道送到东部负荷中心（江苏、浙江等地），"东数西算"工程在西部电力资源充沛地区建立数据中心集群，承接东部算力需求。电网送、受端的落点与算力网络的枢纽节点局部区域内重合度较高，特高压光缆架构布局具备复用承载算力网络的基本条件，但算力中心与特高压换流站之间尚不具备直通的互联光缆。另外，由于电力通信的主要任务是支撑我国特高压大电网安全稳定，无法利用现有的光传输网络承载算力网络业务，在预留充足光缆备用纤芯后，可力所能及提供冗余纤芯，用于组建专门的算力光传输网络。

特高压光传输网络站距较长，若沿用现有中继站点设置，2 根纤芯的传输容量可最大支持约 1Tb/s（10 波道 100G）。特高压通信中继站一般在交叉跨越的低电压等级输电线路变电站选址，由于线路路径的地理分布、光缆 T 接改造经济性等因素限制，中继站之间跨区通常在 250~300km 以上，导致光功率大幅衰减、色散累积致使脉冲展宽、非线性效应明显加剧，跨距越长，高速率 OTN 网络可开通的波道数越有限。经测算，100G OTN 传输系统极限单跨传输距离极限分别约为 250km（开通 40 波）、262km（开通 20 波）、270km（开通 10 波）。若采用当前运营商算力网络普遍采用的 400G OTN，则存在大量无法开通区段，即使开通，也无法满载运行，效率较低。若采用补建塔下光中继站的方式，施工过程对运行光缆将造成重大威胁，同时塔下站的长期运维存在较大困难。

雷击对 OPGW 存在偏振扰动，容易影响采用相干光传输机制的 100G OTN 以上大容量传输系统可靠性。在电网中，雷击是影响电力通信网传输线路的因素之一。雷击可使光纤的温度、应力发生改变，或者通过改变光纤周围电磁场环境使光纤内部的折射率分布发生变化，从而在 OPGW 光缆中产生光双折射效应，导致严重的偏振膜色散，引起 OPGW 光缆偏振态（SOP）扰动等不良效应，出现传输系统瞬断或误码。目前的电力 100G OTN 网络，在缩短传输距离、加大信噪比富裕度前提下，普遍采用偏振追踪技术，可抵御 99% 以上雷击，但仍无法完全规避雷击带来的瞬断和误码问题，需进一步研究突破。

若采用电力通信网承载算力网络，需要充分保障电网运行安全，并充分考虑行业管理的差异性。电力通信网目前承载了电网"三道防线"等重要的生产控制类业务，要将现有专用通信系统对外运营，在运维管理职责及安全操作流程、信息安全、网络资源管理分配等方面的机制还有待完善成熟。一方面，为使算力网络更加高效，需要细化用于算力网络的光缆、电源、屏位等机房资源管理，明确运行维护界面，完善资源分配与运维管理机制。另一方面，非法闯入、操作不当、误碰等违规操作可能会引发特高压电网控制系统误动，导致电网失稳，造成严重事故，因此，新增算力网络需严格遵循电力系统运行管理要求，执行"两票三制"管理措施（"两票"指工作票、操作票，"三制"指交接班制、巡视检查制、设备定期试验与轮换制），按照管理角色配备相应的管理人员，并进一步细化算力网络的施工、检修、系统操作等管理机制。

电力通信专网承载国家算力网络在管理上仍有不足，需要协调能源主管部门对输变电价格进行重新核算，协调电信主管部门开发电信运营许可。电力通信网为特高压输变电工程配套建设内容，属于国家能源基础设施内容，相关的建设投资已纳入电费核算体系，在电费中进行分摊。若将部分光缆、机房等电力通信资源开放运营，一方面需要协调主管部门优化现行法规体系，对输配电定价进行重新核算，将新建算力网络部分从输配电成本中剥离，并明确资产范围、成本核算与定价机制、监管规则等，同时，电力通信网经过多年建设，存量资产较大，剥离存在较大困难；另一方面，电力通信目前缺少基础电信运营许可，若开展算力网络建设运营，需要协助电信主管部门明确运营机制。

A.3　算电协同的发展展望

（一）发展形势分析

随着 AI 的发展，两个趋势突出。一是推理比例逐步上涨，训推比例不断下降。2024 年 2 月，英伟达 CEO 黄仁勋在接受《连线》（*Wired*）采访时表示目前业务中推理占到 40%。2024 年 10 月，相关研报预计，随着 AI 应用的普及，全球推理计算需求将在 2026 年达到 70% 以上。2025 年 2 月，国家信息中心相关研究预测，未来推训比将进一步加大。另一个趋势是推理成本迅速下降。根据相关分析，过去 18 个月，每 100 万个 token（算法处理的最小数据单位）的推理单位成本下降了 90%，预计还将继续下降。算力降本速度明显，其运营成本中电力成本变化速度影响算力市场竞争力。

算力用电增速远超全社会用电增速，未来算力能耗将持续上升。 据中国信息通信研究院（简称"中国信通院"）测算，2024 年，我国数据中心能耗总量 1660 亿 kW·h 时，约占全社会用电量的 1.68%，同比增长 10.7%；2024 年全社会用电增速为 6.8%，数据中心用电量增速高于全社会用电量平均增速。中国信通院对 2030 年我国算力用电需求进行了多情景预测，基于人工智能技术的发展轨迹，构建了高、中、低三种差异化发展情景：高情景下，人工智能爆发式增长，2030 年我国算力中心用电预计将超过 7000 亿 kW·h，占全社会用电量的 5.3%；中情景下，人工智能匀速增长，2030 年我国算力中心用电预计将超过 4000 亿 kW·h，占全社会用电量的 3.0%；低情景下，人工智能慢速增长，2030 年我国算力中心用电预计将达到 3000 亿 kW·h 左右，占全社会用电量的 2.3%（见图 A-4）。尽管目前我国算力中心用电量在全社会电力消耗中所占比例不大，短期内用电量的攀升仍在电力系统可支持范围内，但其快速增长的趋势不容忽视。

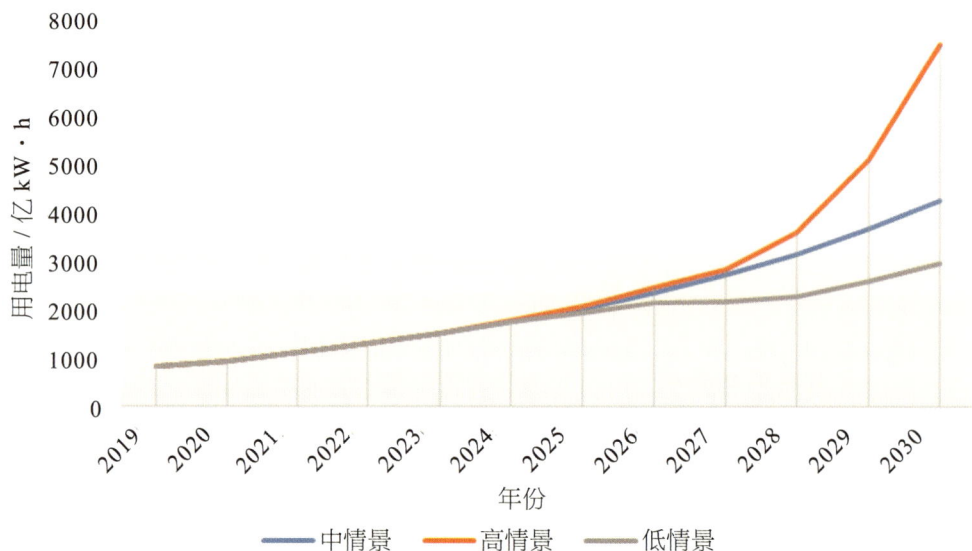

图 A-4　我国算力中心用电需求预测

应用绿色电力是算力企业低碳转型的关键，众多互联网和数据中心企业已相继发布其碳中和目标，承诺将于 2030 年实现 100% 使用可再生能源电力。同时，政策层面已提出到 2025 年底国家枢纽节点新建数据中心绿电占比超过 80% 的目标，加快了数据中心应用绿电的步伐。未来随着绿电消费责任主体的进一步明确，将激发巨大的潜在绿电需求。基于此，从算力产业发展视角来看，亟须通过算力电力协同创新机制，构建充足可靠、安全稳定、经济节约和绿色低碳的电力供给体系。

（二）面临挑战

多部委协同仍存在机制障碍。我国已形成京津冀、长三角、粤港澳、成渝、内蒙古、贵州、甘肃、宁夏等八大国家枢纽节点布局，并已形成 10 个数据中心集群，东西部枢纽间网络时延基本满足 20ms 要求，部分先进数据中心绿电使用率达到 80% 左右。但多部委跨区域协同仍存在深层机制障碍，电算协同需要实现政府部门、发电企业、电网企业、电信运营商、算力运营商、算力用户等多主体协同。在"东数西算"推进中，西部电价优势可能被高昂的网络传输费用抵消，带宽为 1G 的网络传输专线费用约为 16 万元 / 月，多级跳转计费模式导致东西部数据流转成本高企，项目综合经济性评估体系尚未建立。更深层次矛盾则源于跨区域利益分配机制缺位，尤其是相关产值分配，数据要素跨域流通可能导致"核心利润滞留东部、低端运维转移西部"的分配格局，区域数字经济差距与算力投资差异形成负向循环，加剧发展不均衡。此外，地方同质化竞争与产业投资规范滞后进一步放大市场风险，部分地区价格战倒逼成本定价转向市场定价，企业因政策不确定性难以预估重资产投入风险。

算电协同调度机制不足。算电协同调度机制尚不完善，市场机制、隐私安全等因素制约资源优化配置。算力与电力调度时间尺度不匹配，电力供应的时空波动性与算力需求的持续性存在矛盾，跨周期协同调度机制缺失导致用电紧张时段资源配置失衡。同时，数据安全机制不健全制约高价值算力流通，金融等领域对公共调度平台存在安全疑虑，叠加行业统一安全标准缺失及量子计算等新技术威胁，形成静态防御与动态风险的"双重安全鸿沟"，限制高价值算力资源流通。此外，市场协同机制建设滞后，一方面算力市场规范缺失，算力服务定价规则模糊导致大型企业议价空间和竞争优势过大；另一方面，绿电交易机制不完善使东部算力成本上升。

关键技术仍待突破。我国的 AI 算力面临国外高端芯片禁运和国内自主研发芯片的产能受限等局面，国内外算力能耗水平有差异。随着算力规模的快速增长，能耗需求快速上涨。同时，耦合机理研究、标准体系建设仍存在系统性不足：一是算力—电力映射表征机理尚不清晰，算力负荷建模精度不足；二是考虑源荷双重波动性的高比例可再生能源局部电网协同调控技术尚未攻克，在大规模智算负荷和高比例新能源出力的不确定性和波动性叠加下，如何经济地保障智算负荷用能高可靠性，同时不影响主网运行安全，仍是学术界尚未解决的问题之一；三是支撑算力中心负荷灵活性挖掘的机房建设国家标准缺位，现行国家标准《数据中心设计规范》（GB 50174—2017）是国内数据中心设计的主要参照标准（国内唯一国家标准），数据中心设计和运行逻辑单一，与算力电力协同运行要求不兼容；

四是分布式 AI（比如 DeepSeek）发展趋势将加剧系统复杂性，需提前布局，规避系统级风险（类比分布式光伏快速发展对配电网造成的压力），但当前相关研究关注不足。

（三）发展建议

加强多主体协同和跨部门联动。在基础设施层面，应强化电网与算网规划协同，统筹特高压输电通道与超高速算力直连网络布局，推动电力、电信相关法律法规、运营、安全、电价核算等政策机制逐步完善，在保障电力生产正常秩序的同时，研究制定适配算力网络运营的特高压通信规划、建设、运行管理制度，避免重复建设并提升资源复用效率，同时推动大型清洁能源基地与"东数西算"枢纽节点联动。针对"东数西算"全生命周期成本高企问题，需建立涵盖电力、通信、运维等维度的综合成本评估体系，通过 PPP 等模式引导政府、电网、运营商等多方共担投资风险，降低企业重资产投入门槛；同时推动能耗指标和稳定、低价、绿色能源供应向战略区域高质量数据中心倾斜，如出台智算中心能耗单列政策，扩大"东数西算"起步区范围，增加覆盖面（如新疆等地），将实际支撑 AI 发展的智算中心纳入能耗单列政策或优先安排能耗指标。此外，需建立跨区域产值动态分配机制，完善国家级算力监测平台建设，并依托平台精准量化东西部任务承接规模，对西部非实时计算任务给予专项补贴，探索设立产业转移基金与人才援助计划，推动核心利润反哺西部算力生态建设，破解区域协同发展失衡困局。

推动算电协同商业模式创新。需重点破解数据隐私安全与市场化流通的矛盾，通过区块链、隐私计算等技术构建可信数据要素流通机制，为金融等高敏感行业提供合规化算力调度通道。针对算力市场定价规则模糊问题，建议建立智能算力服务分级定价标准，遏制大型企业议价垄断。此外，需加快构建全国统一的电力算力协同市场，打通跨区域绿电消纳与算力调度壁垒，通过分时电价政策、绿色算力认证体系及备用容量电价优化机制，激励企业优化用能结构。支持省内和跨省绿电、绿证交易，扩大跨省、跨区交易品种和交易电量，提升跨区域的绿电消纳，优先支持将 GPU 智算集群作为"源网荷储"、微网等项目的负荷进行项目申报。在新能源丰富区域，鼓励新能源和 GPU 智算集群协同发展，加快算电协同相关配套举措的落地实施，对于匹配 GPU 智算集群绿电需求的新建新能源项目，优先安排开发指标，保障绿电长期稳定供给，形成市场驱动的绿色算力发展生态。

加强科技创新研究与标准体系建设。一是鼓励产学研协同的科技项目，基于行业真实的高质量数据集和运行场景，攻克算电耦合机理等难题。鉴于算力需求和算力资源的复杂性和分散性，应鼓励多点、多面、多层开展，以充分了解算电耦合特征与适用场景，激发科研创新活力与市场发展潜力。二是鼓励先进技术和各部分灵活性资源挖掘技术在算力中心的研究验证与示范应用，比如：源网荷储一体化、绿电聚合供应、余热循环利用、直流供电、氢储能等先进技术，柴发并网、储备一体电池等各部分灵活性资源挖掘技术。三是基于示范经验开展相关标准建设与更新，以标准引领 AIDC 的基本供用能结构重塑，围绕算力—能源耦合指标，建立单位算力能耗、碳排和单位 token 的能耗、碳排机制，建立算力弹性调度的标准机制和调度单元，实现差异化算力的可量化调度收益。四是鼓励前瞻性质的科技项目，考虑不同 AI 发展趋势下的算电协同发展态势，形成系统性的前瞻性研究成果，做好相关技术储备，以有效规避未来不确定性带来的系统级风险。